南極は人類の未来を予測し、地球と宇宙のことを知ることができる最前線です。
「ありのままの地球」を感じられる極寒の地は「地球の環境センサー」と呼ばれ、
気候変動や環境変化に関する観測も多く行われています。

その最前線で活躍する第63次南極地域観測隊に2021年10月〜23年3月、
岩手日報社の菊池健生記者が同行取材しました。

500日超の南極daysは、数々の絶景との出会いと隊員の奮闘で輝いていました。
日本新聞協会の代表取材でもあり、
東日本大震災で全国から受けた支援への感謝も込めたプロジェクト「岩手日報南極支局」。
震災から復興へ歩む岩手を取材してきた記者が、
地球の過去・現在・未来を見つめる極地のあれこれを伝えます。

氷山を背に定着氷上を列になって歩くアデリーペンギンの群れ。氷は気候変動の仕組みを知るうえでの大きな手がかりになる＝2021年12月11日、南極海

午後10時46分から午前0時31分まで15分おきの太陽と、定着氷に接岸した観測船しらせ。夏の南極では太陽が沈まずに昇っていく＝2021年12月19〜20日、昭和基地沖（写真9枚比較明合成）

[増補改訂版]

南極探見 500日

岩手日報特別報道記録集
Iwate Nippo Antarctic Report

※本書の日付は現地時間。年齢や肩書は取材当時のまま掲載しています。

南極支局
Antarctic Branch

支局員紹介

ナビゲーターは「南極支局員」として
現地取材を続けた菊池健生記者。
相棒のペンギン記者は、南極暮らしの"大先輩"。
極地にまつわる豆知識や裏話を教えてくれます。

ペンギン記者

- ◆名前／
  ペンギン学（ぺんぎんまなぶ）
- ◆年齢不詳　南極大陸出身
- ◆2021年11月から
  岩手日報 南極支局 配属
- ◆趣味／素潜り
- ◆座右の銘／
  ペンは剣よりつよし

- ◆読者へのメッセージ

このギンギンに冷えた
大陸においても、
常に温かいハートを
忘れることなく、
南極の魅力や不思議を、
菊池記者と共に
お伝えするペン！

菊池健生記者

- ◆名前／
  菊池健生（きくちけんせい）
- ◆1990年11月28日生まれ
  岩手県盛岡市出身
- ◆2013年 岩手日報社 入社
  編集局報道部 配属
  2021年11月から
  南極支局 配属
- ◆趣味／登山
- ◆座右の銘／シンプルに生きる

- ◆読者へのメッセージ

南極は数々の研究から、
この星の「過去、現在、未来」を
垣間見ることができる
貴重な場所です。
そこで行われているさまざまな
観測や、南極だからこそ出会える
素晴らしい景色、体験を
ペンギン記者と二人（羽？）三脚で
お伝えします。

CONTENTS

第1章
南極の不思議

- 8　最古級の氷を求めて往復2000㌔の旅
- 10　沈まぬ太陽、夏の白夜
- 15　昇らぬ太陽、冬の極夜
- 17　取材ノート　越冬ならでは「孤独の楽しみ」
- 19　1カ月半ぶりの「夜明け」、転がる太陽
- 21　オーロラ　神秘のベール
- 25　岩手でもオーロラ！
- 26　星々が降り注ぐ夜のとばり
- 29　厳寒　雄大　氷の世界
- 39　夕景駆ける「カタバ風」
- 41　光と氷が織りなす三重奏
- 42　夏と冬、それぞれに魅せられて
- 43　標高400㍍　大岩壁そびえ立つ
- 45　浮かぶ幻影　蜃気楼
- 48　極限の自然が生み出す色彩
- 57　取材ノート　心を照らしてくれた野田村の「太陽」

第2章
研究・観測最前線

- 59　地球・宇宙に迫る63次隊の観測
- 61　100万年前の氷　掘り出す準備着々
- 64　ドームふじ遠征の道のり
- 66　"深層"解明スタート！
- 67　海が氷河を解かす仕組みに迫る
- 68　氷河流出の謎　突き止める
- 71　大気の流れを読む大型レーダー
- 72　観測に欠かせない国際協力
- 74　南極days　南極と岩手、深い関わり
- 75　南極days　極地でつなぐ岩手県人の思い
- 76　南極days　田中舘愛橘博士の関連観測脈々
- 77　地球を見通すVLBI観測
- 78　コケむす岩場、生態系チェック
- 79　取材ノート　表紙のペンギンどうしてこうなった？
- 80　"火星探査"適地はどこだ
- 81　ゴンドワナ超大陸　手がかり掘り起こせ
- 83　命を守るプレハブ技術
- 84　進化を続ける「走る研究室」
- 87　氷海を拓く観測船しらせ
- 88　日本人初の南極探検～白瀬矗～
- 89　取材ノート　報道と観測隊業務　「二刀流」の挑戦
- 90　南極days　トンガ沖噴火の気圧変動を南極でも観測

第3章
教えて！南極ライフ

- 92　昭和基地をのぞいてみよう
- 93　昭和基地Q&A
- 94　支え合って充実の基地生活
- 96　南極days　極地の食卓彩る岩手の味
- 98　催しいっぱい！南極12カ月
- 101　団結の宴　ミッドウインター祭
- 102　「氷上キャンプ」生き抜く知恵
- 104　63次越冬隊同行　奮闘の500日間
- 105　取材ノート　ようやくたどり着いた「宇宙よりも遠い場所」
- 106　観測隊アルバム
- 108　南極に暮らす仲間たち
- 110　南極days　タロ・ジロと猫のたけし
- 112　活動日数511日〈数字で見る南極生活〉
- 113　伝えることが恩返し　@iwate本社デスクのつぶやき
- 115　終わりに

本書は「南極探見500日　岩手日報特別報道記録集（2023年発行）」を加筆・修正し増補改訂版として発行したものです。

スマートフォンやタブレットで無料アプリ「いわぽんReader」を立ち上げ、カメラをマークにかざすと動画を見ることができます。右の二次元コードを読み取ってアプリをダウンロードしてください。
（Android端末とiPhoneなどiOS端末の両方で使えます）

アプリで動画を見てみよう！

いわぽんReader

このマークを見つけたら要チェック！

第1章
南極の不思議

巨大な氷河と澄み渡る青空、夜空を彩るオーロラ。
南極といえば、心躍る素晴らしい風景が思い浮かびます。
一方、極寒で太陽が昇らなかったり、吹雪が猛威を振るったり…
過酷な環境の中、観測隊は協力し合い任務を乗り切ります。
長い長い年月をかけ、厳しい自然が形づくる地球の美しさ。
菊池健生記者とペンギン記者がリポートします。

昭和基地から南約50㌔の南極大陸上にある露岩域「スカルブスネス」へ遠征中、海氷上を進む雪上車。観測活動のために安全な道を確保する「ルート工作」を展開した＝2022年8月17日

第1章 南極の不思議

第2章 研究・観測最前線

第3章 教えて！南極ライフ

最古級の氷を求めて往復2000キロの旅

南極大陸は広大な氷の塊です。中に閉じ込められた数十万年前の空気は、気候変動の予測にも役立てられる貴重なデータです。日本の観測隊は2022〜23年、氷を垂直に掘り、筒状の「アイスコア」を取り出すため、新たな拠点の建設作業を始めました。場所は昭和基地から1000キロ離れた「ドームふじエリア」。世界最古級の氷を求めて、昭和基地から海を渡り、標高約3800メートルまで雪上車で登りました。

63、64次隊遠征チーム16人は2022年11月10日に出発。大陸に渡ってすぐは悪天候で動けませんでしたが、19日からは順調。平地に見えるほど緩やかな登りが続きます。各雪上車に複数の隊員が乗り、運転を交代しながら距離を延ばしていきます。運転手以外の隊員は観測のほか、次の運転に備えて休みを取ります。

昭和基地から約270キロの「みずほ基地」には23日に到着。現在閉鎖中で建物は雪の下にあります。ここを越えれば、風で雪面が削られてできる凹凸「サスツルギ」が待ち構えます。先導の大型雪上車が除雪し、時速7〜10キロで進みました。みずほ基地とドームふじエリアの中間を過ぎると「軟雪帯」がしばらく続き、車両やそりの速度は上げられません。

目的地のドームふじ観測拠点Ⅱには12月8日到着。予定より厳しい日程となりましたが、掘削場のドリルを設置する溝（トレンチ）や屋根などの建設は完了させました。作業を終え、2023年1月17日に出発。1000キロを再び雪上車で走破し、31日に帰還しました。

ドームふじエリアへの行程のイメージ
※国立極地研究所提供の南極大陸図を加工

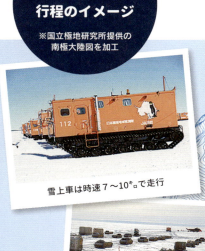

雪上車は時速7〜10キロで走行

雪上車はそりを引きながら進む

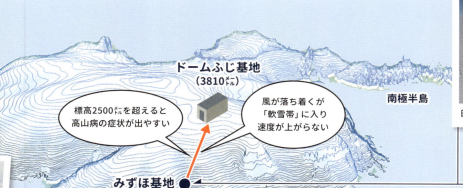

標高2500メートルを超えると高山病の症状が出やすい

風が落ち着くが「軟雪帯」に入り速度が上がらない

ドームふじ基地（3810メートル）

南極半島

みずほ基地

昭和基地

サスツルギを破壊して進む雪上車を見てみよう

みずほ基地
日本が初めて内陸に設置した基地。閉鎖中

雪面の凹凸「サスツルギ」が深くなる

ドームふじ基地に向けて進む雪上車。青空の中、排気が白く舞い上がり影になって雪面に延びる＝2022年12月4日（岩手日報社ドローンで撮影）

第1章 南極の不思議

第2章 研究・観測最前線

第3章 教えて！南極ライフ

沈まぬ太陽、夏の白夜

昭和基地沖の海氷上で、観測船しらせから降ろされたコンテナを輸送する雪上車。日付が変わるギリギリの午後11時50分に撮影したが、野外は明るいままだ＝2021年12月19日

　2021年12月、極地に降り立った観測隊員たちを待っていたのは「沈まぬ太陽」。南極は、11月下旬から1月中旬まで「白夜（びゃくや）」の時季。深夜とは思えないほどの明るさの中、隊員たちは観測船しらせから昭和基地への物資輸送作業に励みます。

　越冬隊として2021年12月〜23年2月までを過ごしたため、太陽が一日中昇ったままの期間を2度経験。ドームふじ観測拠点Ⅱ遠征中の2022年12月には、白夜の中でのテント外泊に挑戦しました。

　南極大陸内陸部にある標高約3800メートルもの氷上に寝るため、床に分厚い断熱材と銀マットを敷き、さらにエアマットを置いて厳寒期用の寝袋に入ります。

　就寝前の外気温は氷点下30度ほどですが、テント内は氷点下10度。比較的暖かく感じ、寝袋の中は自分の体温でポカポカ。「これは意外と快適か？」と目を閉じる……眠れない……テントの生地を通していても、陽光がまぶしすぎる……。

　凍える心配はありませんでしたが、しっかり眠れたのは結局3時間ほど。翌朝、遠征チームの仲間に相談すると「とにかく寝袋に潜ること」とアドバイスをくれました。

　そういえば、2021〜22年をまたいで滞在したラングホブデ氷河上でのテント内でも、数日後にはぐっすり熟睡。氷河の上と比べると、南極大陸は段違いの寒さだったけれど、慣れたら「住めば都」なのかもしれません。

ラングホブデ氷河で拝んだ2022年初めての太陽。地平線近くに雲がかかり、まさしく「初日の出」に見えた。陽光を浴びたベースキャンプに彩りがよみがえる。それまで吹いていた風も弱まり、時間が止まったように感じた＝2022年1月1日、午前2時40分

南極大陸・ドームふじ観測拠点Ⅱ「掘削場」を照らす「沈まぬ太陽」。24時間明るい空の下、隊員たちは作業に励んだ（2023年1月15日午後9時28分から日付変わって16日午前4時26分までの写真15枚を比較明合成）

※比較明合成（ひかくめいごうせい）…複数の画像を重ねて1枚に合成する際、同じ部分を比較して、明るい方を選んで合成する方法のこと

太陽が一日中出ない「極夜」を迎えた昭和基地周辺。午前10時45分ごろでも、日没後の光景が広がる＝2022年６月８日

昇らぬ太陽、冬の極夜

蜃気楼で水平線上に帯状に見える太陽の光。1カ月半拝めないはずの輝きが昭和基地周辺を照らし、観測隊員の心を晴れやかにしてくれた＝2022年6月7日

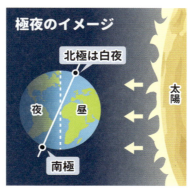

極夜のイメージ

太陽が最も高い位置にある正午ごろ、昭和基地のある東オングル島では、北側の水平線上が茜色（あかねいろ）に染まります。氷点下13.7度。いつもならここから夜明けとなるはずですが、前日まで昇っていたはずの光の主は顔を出しません。

63次隊の活動期間である2022年は、5月31日に一日中太陽が昇らない「極夜（きょくや）」に入りました。正午前後でも太陽は水平線より低く、夜明け前か夕暮れ時のよう。次の日の出は約1カ月半後。すでに待ち遠しくなります。

地球が地軸の傾いた状態で公転するため、高緯度の南極は、太陽の光が当たらずに極夜となります。南緯69度にある昭和基地周辺では、7月中旬まで極夜が続きます。逆に夏の時季は、太陽が一日中沈まない「白夜（びゃくや）」。太陽が出なくなる期間があっても、年間の日照時間（平年値）は盛岡よりも約200時間多いんです。

南極観測隊のうち越冬隊として残った32人は、ここから「長い夜」を過ごします。ブリザード（吹雪）がたびたび襲来する極寒の閉ざされた冬。観測や設営のそれぞれの任務はもちろん、生活面でも一層協力し合って乗り切ります。同時に、美しいオーロラや星空といった「夜長の冬」ならではの光景に出会う機会でもあります。

第1章　南極の不思議

第2章　研究・観測最前線

第3章　教えて！南極ライフ

日本だったら太陽がすでに昇っているはずの午前10時27分に撮影。薄暮時のような明るさだ＝2022年6月23日、昭和基地

健生記者の取材ノート
越冬ならでは「孤独の楽しみ」

　夏隊が2月に昭和基地を去り、越冬隊は一般社会と隔絶された地で1年間生活する。32人のみ、閉鎖空間での暮らしは、さまざまなストレスがつきまとう。特に極地特有の要因が、太陽が昇らない「極夜」だ。

　6月は、日が最も高くなる昼すぎでも、北の空がオレンジ色に染まる程度。午後3時ごろには闇が迫る。

　陽光を浴びていないせいか「夜眠れない」「朝起きられない」という隊員が出始めた。私も起きても眠気が取れない状態に。仲間はいるのに、文明圏から遠く離れた暮らしに孤独を感じることもあった。長い暗闇の中で「この孤独とどう付き合っていくか」と考えたとき、書籍コーナー「昭和基地図書」に掲示されていた言葉が目に入った。

　「極地生活を楽しく送ることのできるものは、冬眠中の動物が内部に蓄えた脂肪を食べて生きるように、内面に蓄えた教養を糧に悠々と暮らすことができる人たちである」

　米国の冒険家リチャード・バードの言葉。教養といえば、最近は本をあまり読んでいなかったと思い直し、1次越冬隊長・西堀栄三郎著「南極越冬記」を手に取った。

　「孤独の楽しみの発見」という章を読む。にぎやかに話す隊員の輪から離れ、1人散歩に出て、孤独の「味」を初めて本当に知ったような気がする―というくだりが心を捉えた。西堀はもともと寂しがり屋で、人嫌いという訳でもなかったらしい。極地での孤独をただ純粋に楽しんでいる様子がつづられていた。

　昭和基地で初めて極夜を過ごした先人の言葉は、心強く感じた。バードの「悠々とした暮らし」の域には手が届かなかったが、西堀が感じた越冬ならではの「孤独の楽しみ」は、私も少しは味わえたと思う。

昭和基地の食堂に設けられている図書コーナー。極地全般や地学、生物など約750冊の書籍がびっしり。探検記や過去の隊が残した貴重な活動記録もあり、閉ざされた南極を経験してきた「先人の知恵」を学ぶことができる

水平線近くの雲間からのぞく太陽と久々の再会。南極大陸を赤く染める陽光は想像以上に暖かく感じた＝2022年7月16日、午後1時

1カ月半ぶりの「夜明け」、転がる太陽

「太陽だよ！」雪上車の後部座席からの大声で、北の水平線を見るとそこには明るい光が。南極大陸で野外活動をしていた2022年7月16日正午ごろ、約1カ月半ぶりの「日の出」に立ち会うことができました。長い「極夜」を乗り越えたからこそ味わえる、太陽の大きさと暖かさは格別です。

2022年の極夜は、5月31日〜7月12日の間でしたが、昭和基地周辺では荒天や曇りの日が続いていて、やっと陽光を拝むことができました。16日の日没は午後1時24分で、太陽が昇っていたのは計算上は約2時間。ここから、だんだん日は長くなり、7月末には5時間ほどになります。

極夜が明けてから初めての快晴に恵まれた27日、日の出から日没まで水平線の近くを移動する太陽の撮影に成功しました。地軸の傾きに伴う高緯度地域特有の現象で、まさしく太陽が転がっているかのような軌跡を描いています。

空高く昇らないので、右から左へ水平線近くを転がっているように見える太陽＝2022年7月27日、午前10時23分〜午後2時38分（10分間隔で撮影した写真27枚を比較明合成、左の日没のみ5分間隔）

昭和基地上空にたなびくオーロラ。まるで光のカーテンのようで幻想的だった＝2022年６月27日、午前１時５分（1.6秒露光）

オーロラ 神秘のベール

昭和基地は、オーロラ観測に適した場所にある。運良く全天を覆う極光も撮影に成功した＝2022年4月28日（魚眼レンズで撮影）

　昭和基地は、オーロラの出現頻度が高い「オーロラ帯」と呼ばれるエリアにあり、絶好の観測スポットです。

　2022年6月27日午前1時ごろ、冬至のイベント準備のため野外にいた観測隊員の頭上に、強い光を放ちながら緑や赤色に揺らめく「カーテン」が北の方角から広がりました。氷点下22度の中、断続的に4時間半ほど観測することができました。

　オーロラは太陽風によって運ばれた電子が大気中の酸素や窒素と衝突し、光を発する現象。この神秘的な夜空を、先人たちも不思議な思いで見上げていたのでしょう。1912年に南極点に達しながら死亡した英国の探検家ロバート・スコットは「オーロラが人の心を強く動かすのは、むしろ何か純粋に霊的なもの、静かな自信に満ちてしかも絶えず流動するものを暗示することによって、想像力を刺激するから」と、日誌に記しています。また、中世欧州では「災害の凶兆」、北極の先住民族の間では「死の国へ案内する精霊のたいまつ」「出産時に亡くなった子どもの霊」と考えられていました。

オーロラのタイムラプスを見てみよう

第1章 南極の不思議

第2章 研究・観測最前線

第3章 教えて！南極ライフ

光が強い日にはオーロラが足元を照らし、外を出歩くこともできた＝2022年10月3日、昭和基地

昭和基地を離れ、南極大陸の氷床上にある観測点「H128」に滞在中に現れた不思議な色のオーロラ＝2022年9月5日、午前0時5分

南極は「宇宙に開かれた窓」

　南極は「宇宙に開かれた窓」とも呼ばれています。その代表であるオーロラの源は、宇宙空間から地球の磁力線に沿って極域の大気に振り込む電子や陽子。地球大気中の窒素や酸素などと衝突することで発光します。オーロラを捉え、謎に迫ることは、宇宙空間の環境変化を知る手がかりになるのです。

　絶好の観測スポット、昭和基地を中心に日本の観測隊はさまざまな角度から迫っています。大型のレーダーや磁力計、飛来する電波の強さを観測する測器などを設置。日本からの距離的には「宇宙より遠い場所」である南極は、宇宙に迫れる場所なんですね。

オーロラのタイムラプスを見てみよう

REVBCAYJ9

第1章 南極の不思議

第2章 研究・観測最前線

第3章 教えて！南極ライフ

帰国の途に就いた観測船しらせが南極海・トッテン氷河沖に停泊中、激しいオーロラを確認。鮮やかな赤、青、緑色の光の筋が夜空を乱舞。氷の隙間の海に映り込んだ＝2023年2月28日、午前0時22分（2秒露光）

一関市で見られたオーロラのような現象＝2024年5月11日午後10時36分、室根山山頂から菊池健生撮影（15秒露光）

岩手山を覆うように赤い光を放つ低緯度オーロラ。極地ではオーロラ上部が赤く見える＝2024年10月12日午前3時15分、滝沢市鵜飼・新鬼越池で岩手日報社・山本毅撮影（15秒露光）

ペンギン記者の
ひとくちメモ

岩手でもオーロラ！

どうも、ペンギン記者です。オーロラといえば南極と北極。ところが2024年、皆さんが暮らす岩手でも見たという報告が2回もありました。しかも1回は菊池健生記者が一関市の室根山山頂から撮ったというではありませんか！

オーロラは基本的に極地など高緯度で見られる現象ですが、太陽表面の大爆発により地磁気の乱れ「磁気嵐」が大規模に発生すると、日本でも北海道などでも見られます。気象庁によると、今回は特に激しかったそうです。国立極地研究所の片岡龍峰准教授（宇宙空間物理学）は「磁場が南を向いていたため、非常に大きな磁気嵐になった」と分析しました。

大規模ゆえに、極地にとどまらず日本の緯度でも見られた「低緯度オーロラ」ですが、色は赤が目立ち、私が南極でよく見る緑色とは違うようです。片岡准教授に聞くと「オーロラの上部は赤、下部は緑が典型的。背の高いオーロラの下部が隠れるため、上部の赤しか見られないという場合が多いようです」と教えてくれました。

確かに健生記者が南極で撮影した写真を見ると、上部は赤、下部は緑。この上の部分だけが今回は見えたというわけですね。

過去に岩手で見られたという記録もあります。「岩手県災異年表」（盛岡地方気象台、県）によると、1957年3月2日、久慈市消防署から北方に「火炎のような光」を約2時間半確認。「淡紅色から濃紅色」だったそうで、当時の岩手日報も消防や久慈駅宿直員ら十数人が見たと報じました。

片岡准教授と国文学研究資料館などのチームは、日本最古の天文記録とされる「日本書紀」の現象は「扇形オーロラ」だったとの解釈をまとめています。620年に「赤気」が現れたとの記載を分析。なんと推古天皇が存命だった飛鳥時代のことです。

吉兆や凶事の前触れと恐れられた現象は、出現の可能性も示せる時代になりました。それでも謎はまだまだ多く残ります。神秘的な天体ショーは岩手でまた見られるのか。それはお天道さま次第です――。

星々が降り注ぐ夜のとばり

　空気が澄んで明かりの少ない昭和基地の夜は、天体観測には適した環境。円を描くような南天の動きを撮影すると、星が高密度に見えることから、空が光で埋め尽くされたような写真になりました。2022年9月21日午後11時ごろ、気温は氷点下25度前後。南十字星や日本とは逆に見えるオリオン座など、南半球を感じさせる星が静寂に瞬き、無数の輝きがまさにこぼれて降ってきそうです。

　昭和基地ではオーロラ観測を行っているため、基本的に夜間は外灯が消され、周囲は真っ暗。肉眼で天の川や小さな星がはっきりと見えます。南極は人口密集地から離れていて大気中の微粒子エアロゾルが少なく、空気が澄んでいるので、天体観測にとても良い条件がそろっています。

　夏は太陽の沈まない「白夜」を迎えるため、冬にしか見られない最高の天体ショー。観測隊員の佐藤稜也さん（28）＝気象庁、北九州市出身＝は「徹夜してでも頑張って見たい景色です」と夢中になっていました。

東オングル島の東岸の高台「見晴らし岩」から見上げた満天の星。約1㌔離れた昭和基地主要部の光は届かず、南極大陸に流れ落ちるような天の川がくっきりと見えた＝2022年4月8日、午後9時52分（6秒露光）

昭和基地主要部を包むような星空。回って見える星の密度が濃く、人工衛星などは直線に見える＝2022年9月21日、午後11時ごろから約30分間（2.5秒露光、201枚の写真を比較明合成）

南極海のリュツォ・ホルム湾沖の流氷域を進む観測船しらせ。海氷がパズルのように海面を覆う。海氷は大きなもので幅20㍍以上もあり、船がぶつかると甲板に大きな音が響いた＝2021年12月9日、午前9時44分

第1章 南極の不思議

第2章 研究・観測最前線

第3章 教えて！南極ライフ

南極の氷のイメージ

氷床／氷河／棚氷／定着氷／氷山／海

厳寒 雄大 氷の世界

　南極といえば、まさに氷の世界。観測隊同行中は、人の手では決して造ることができない壮大で美しい景観の数々に出会うことができました。

　実は南極には、地球上の淡水の約6割、氷の約9割が存在するんです。広いくくりでは同じ「氷」ですが、細かく見ていくと、でき方や性質が違います。

　まず、南極大陸上にあるのが「氷床（ひょうしょう）」です。雪が圧縮されて氷となり、厚い所では4000㍍以上あります。重みで低い方へとゆっくり流れていきます。

　地形の影響で、周囲よりも速く流れるのが「氷河」です。流れが速い分、海へ流出する量も多いんです。南極大陸で最も流れが速いのが「白瀬氷河」。速いといっても、河口部の流速は年3㌔程度です。

　海に押し出されてできるのが、巨大な「棚氷（たなごおり）」。先端が潮や海流で分裂すると「氷山」が誕生し、やがて海水に戻っていきます。

　海が凍る「海氷（かいひょう）」もあります。沿岸に接して動かない「定着氷（ていちゃくひょう）」と海面を漂う「流氷（りゅうひょう）」に分けられます。季節によってエリアは大きく変化。海氷が拡大すれば、大気と海洋の熱交換を遮断し、太陽熱の吸収を妨げて寒冷化を助長します。気候変動に大きく関係する氷について、解明に向けた観測隊の挑戦が続きます。

昭和基地から南に約80㌔離れたところにある露岩域「スカーレン」の巨大な氷瀑。約250㍍の高さから長い年月をかけ、氷床がゆっくりと落ち込んでいき海へ向かう＝2021年12月22日

最強「A級」ブリザードを見てみよう

3階級あるブリザード（吹雪）のうち、最も強い「A級」が猛威を振るう「外出禁止令」が発令。発令の約1時間前には、既に地吹雪で視界が悪く、ライフロープを頼りに数十㍍先にある昭和基地内の建物を目指した＝2022年7月7日、午後8時10分ごろ

南極大陸内陸部にある観測点「H128」に滞在中に氷点下39.5度を体感。まつげも凍るほどの寒さだった＝2022年9月6日

ラングホブデ氷河には氷の裂け目「クレバス」がいくつもあり、転落しないよう注意して歩く＝2022年1月8日

第1章　南極の不思議

第2章　研究・観測最前線

第3章　教えて！南極ライフ

物資や重機を載せたそりを引き、南極大陸内陸部へと向かう雪上車。青空と真っ白な氷床が広がる中、「隊列」を組んで渡っていく＝2022年11月19日（岩手日報社ドローンで撮影）

雪が軟らかくて速度の上がらないエリアを進む雪上車＝2022年12月3日、午後1時49分

まいた熱湯が空気中で瞬時に凍結し、煙のように見える「お湯花火」
＝2022年5月13日、東オングル島

冷えた雪面に、空気中の水分が触れてできる「表面霜」
＝2023年1月13日、ドームふじ基地

第1章 南極の不思議

第2章 研究・観測最前線

第3章 教えて！南極ライフ

ドームふじエリアからの帰路、風雪によって独特な模様が形作られた雪面を見つけた。太陽の光による青と白のグラデーションが美しい＝2023年１月23日、午後９時23分

氷点下39.5度を記録した厳寒の中、自動気象観測装置をメンテナンスする隊員たち＝2022年9月6日、観測点「H128」

観測船しらせの砕氷の航跡。太陽に向かって続く「一本道」のよう＝2021年12月21日、南極海

南極大陸(奥)から吹き下りる風。冷たく重くなった空気が斜面を下り落ちる
＝2022年3月22日、昭和基地

流氷域にいた2羽のアデリーペンギン＝2021年12月9日、南極海

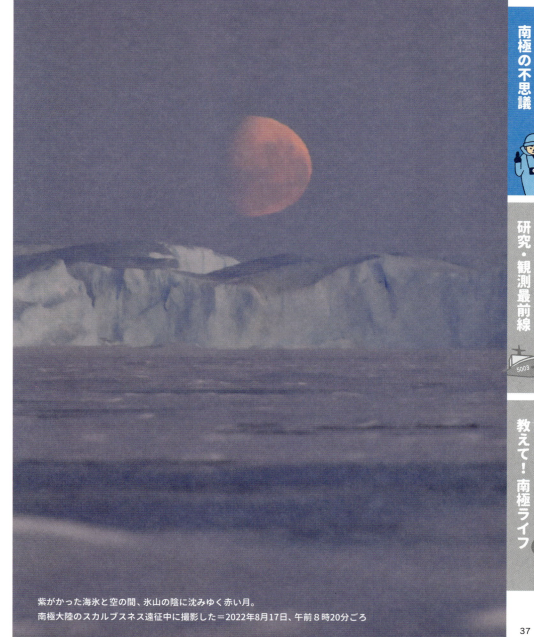

紫がかった海氷と空の間、氷山の陰に沈みゆく赤い月。
南極大陸のスカルブスネス遠征中に撮影した＝2022年8月17日、午前8時20分ごろ

第1章 南極の不思議

第2章 研究・観測最前線

第3章 教えて！南極ライフ

「カタバ風」が駆け抜け、夕日に照らされた雪煙が燃えるようなオレンジ色に染まる＝2022年9月3日、観測点「H128」

夕景駆ける「カタバ風」

　東オングル島にある昭和基地よりも、もっと寒いのが、南極大陸内陸部です。

　昭和基地の約90㌔南東、標高1380㍍にある観測点「H128」では気温が氷点下40度近くに冷え込みました。「カタバ風」が駆け抜け、雪煙が夕日で輝き、美しい風景が目の前に広がりました。

　冷えて重くなった空気が大陸の斜面を下る「カタバ風」。風速は10㍍ほどでも、容赦なく吹きつけると、防寒服の隙間から出ていた皮膚の感覚は1分もしないうちになくなります。内陸部遠征中の屋外活動では「地球上で最も寒い大陸」をひしひしと感じました。

カタバ風発生の仕組み

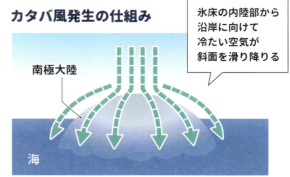

氷床の内陸部から沿岸に向けて冷たい空気が斜面を滑り降りる

第1章 南極の不思議

第2章 研究・観測最前線

第3章 教えて！南極ライフ

39

太陽の周りに光の輪や帯がくっきり。昭和基地から南極大陸上の拠点「Ｓ16」に向かうルート作りの途中に見ることができた＝2022年4月13日（岩手日報社ドローンで撮影）

光と氷が織りなす三重奏

映日
氷晶の表面で太陽光が反射し、太陽の下に虚像として白い帯が見える

ハロー
氷晶でできた雲が薄く広がった時にできる光の輪

映幻日
太陽光が氷晶を通る時に反射、屈折する

ドームふじ観測拠点Ⅱの上空では、太陽を中心に真円を描くように光の輪（ハロー）が現れた＝2023年1月4日、午後11時7分（岩手日報社ドローンで撮影）

ドームふじでの不思議な太陽の現象を見てみよう
RADGBRZ6N

　白い大陸は、時に幻想的なショーに出会うことができます。観測隊の野外活動が本格化した2022年4月、東オングル島から海氷を渡った南極大陸上で、太陽と氷晶による大気光学現象を観測しました。

　南極大陸は厚い所で標高4000㍍に及ぶ「氷床」に覆われています。青い空が広がる標高約350㍍の地点では、太陽の周りに光の輪が現れる「ハロー（日暈＝ひがさ＝）」がくっきり。太陽の下の光の帯「映日（えいじつ）」、太陽横の「映幻日（えいげんじつ）」の撮影にも成功しました。

　大気密度の違いや大気中を漂う氷晶などで太陽や月の光が反射、屈折する大気光学現象。一部は岩手県内でも見られますが、氷点下18度の寒さを忘れるほどの美しさは、南極ならではの光景です。

　2023年1月には、標高約3800㍍にあるドームふじ観測拠点Ⅱ上空に出現。白夜のため午後11時ごろでも太陽が輝き、周囲には虹色のハローがきれいな円を描いていました。大空にドローンを飛ばし撮影すると、太陽の下に「映日」、横には「映幻日」もはっきり写っています。この日の気温は氷点下25.3度、気圧は600ヘクトパスカル。ダイナミックで美しい光と氷の「共演」を捉えることができました。

第1章 南極の不思議
第2章 研究・観測最前線
第3章 教えて！南極ライフ

夏と冬、それぞれに魅せられて

　8月の南極は明るい時間が少しずつ長くなり、観測隊の野外活動が本格化します。昭和基地から南約50㌔離れた地点「スカルブスネス」では、標高400㍍の巨大な岩峰「シェッゲ」に接近。シェッゲ岩壁下の海氷は、夏になると安定しないため、間近で仰ぎ見られるのは冬だけなんです。「景色が大きすぎて、距離感がつかめない…」。迫ってくるような存在感に、観測隊員たちは圧倒されていました。

　夏にあたる1月の観測同行では、冬よりも露出した岩肌にオレンジ色の太陽光が差し込み、断崖が燃えるように輝く姿を撮影。陽光、海、空、岩。澄んだ空気で、自然の色がより美しく感じられ、冬とは一味違った表情を見せてくれます。

　ノルウェー隊が最初に発見した土地であることに由来し、昭和基地の周辺には、ノルウェー語の地名が多く存在します。シェッゲの意味は「ひげ」。他にも、昭和基地の建つ東オングル島のオングルは「釣り針」、基地からほど近い露岩域ラングホブデは「長い丘」を表します。

標高400㍍の岩峰「シェッゲ」。シェッゲ下の海氷が安定せず夏は近くまで行けないが、陽光で赤く染まる岩肌が印象的だ＝2022年1月21日

標高400メートル 大岩壁そびえ立つ

第1章 南極の不思議

第2章 研究・観測最前線

第3章 教えて！南極ライフ

冬は雪上車（右下）で近くまで行くことができ、壮大なスケールに圧倒される＝2022年8月17日（岩手日報社ドローンで撮影）

海氷上に逆さまの氷山が浮かんでいるように見える蜃気楼＝2022年3月29日、午前8時38分（昭和基地から撮影）

浮かぶ幻影　蜃気楼

　昭和基地がある東オングル島から海氷を見渡すと、逆さの氷山が浮かび上がり、まるで「氷の壁」のよう。光の屈折で景色が伸びたり反転して見える「蜃気楼（しんきろう）」です。

　観測隊によると、氷の壁を見た2022年3月29日は、放射冷却現象で地上付近の気温が上空より5度ほど低かったとのこと。このため光の屈折が生じ、景色が上側に伸びたり反転して見える「上位蜃気楼」となって、不思議な光景を作り出していました。

　日本では夏の「逃げ水」など、景色の下側に虚像が見える「下位蜃気楼」が一般的です。南極は地表付近に冷たい空気の層ができるため、上位蜃気楼が出現しやすいといいます。

　昭和基地よりも寒い南極大陸の内陸部では、蜃気楼によって変形した太陽も観測することができました。

地平線近くの蜃気楼により、変形して見えた太陽。南極大陸上の観測点「H128」への遠征中に遭遇した＝2022年9月3日、午後5時6分

午前10時すぎ、極夜が明けたばかりの日の出。蜃気楼でゆがむ太陽の光で、除雪する雪上車が影絵のようだ＝2022年7月29日、東オングル島

昭和基地周辺で観測した蜃気楼。「氷の壁」が現れて不思議な光景が広がった＝2022年7月6日、東オングル島

第1章 南極の不思議

第2章 研究・観測最前線

第3章 教えて！南極ライフ

極限の自然が生み出す色彩

南極大陸の拠点「S17」で、滑走路を整備する内陸遠征チームの雪上車。広々としたキャンバスに、純白の「地上絵」を描いているみたい＝2023年1月28日、午後5時42分（岩手日報社ドローンで撮影）

昭和基地(手前)から望む太陽と雲海。極夜が迫っているため日は高く昇らず、昼間でも極地の澄んだ空と雪氷はオレンジ色に染まる=2022年5月12日、午前10時33分(岩手日報社ドローンで撮影)

第1章 南極の不思議

第2章 研究・観測最前線

第3章 教えて!南極ライフ

沢沿いなどに豊かな生態系が広がるラングホブデ雪鳥沢。生態系や固有種を人間活動から守るため、南極条約協議国会議が特別保護地区として指定している＝2022年1月16日

手作りの巨大かまくらの中でコーヒーを楽しむ観測隊の三井俊平さん。「青い洞窟」に静かな時間が流れる＝2022年6月18日、東オングル島

ドームふじエリアに向かう道中で作業する観測隊員。雪煙と太陽に照らされたシルエットが幻想的な光景を生み出している＝2022年11月18日、午後9時27分

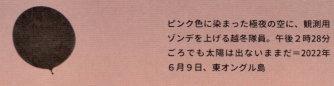
ピンク色に染まった極夜の空に、観測用ゾンデを上げる越冬隊員。午後2時28分ごろでも太陽は出ないままだ＝2022年6月9日、東オングル島

第1章　南極の不思議

第2章　研究・観測最前線

第3章　教えて！南極ライフ

南極大陸のみずほ基地で、101本の竹ざおを使って積雪量を調べる「雪尺観測」＝2022年11月23日、午後2時46分

極夜直前の太陽は地平線近くを動き、昭和基地管理棟を照らす＝2022年5月13日、午前10時6分

大型大気レーダー「PANSY（パンジー）」。地平線下の太陽で色づいた極夜の空に映える＝2022年6月18日、東オングル島

シルエットが特徴的な昭和基地の管理棟。極夜の三日月と一緒に撮影すると、幻想的な一枚になった＝2022年7月3日、午後2時56分

極夜が明けて1カ月。陽光を浴びながら野外活動に励む越冬隊員。
岩肌と雪面のコントラストが美しい＝2022年8月17日、スカルブスネス周辺

健生記者の取材ノート
心を照らしてくれた野田村の「太陽」

カメラに向かい、新型雪上車について説明する菊池健生記者（63次越冬隊員撮影）と、中継イベントの最後に感謝と激励のエールを送り、画面の観測隊に手を振る野田中の生徒

　南極・昭和基地滞在中に、野田村の野田中学校と衛星回線で結んで中継イベントで交流した。屋外からの中継や観測隊の紹介動画制作など、多くの観測隊員の協力で成功。約1万4000㌔離れた生徒の笑顔は、越冬生活の大きな力となった。

　イベントは国立極地研究所と岩手日報社主催で2022年5月27日に開いた。生徒ら約110人に向けた発信でこだわったのは、新型雪上車からの中継。だが、車内から無線方式で試験すると映像に遅延が生じた。試行錯誤を重ね、最終的に新しいケーブルでつないで対応した。隊の1日を紹介する約3分の映像は、約3週間をかけて制作。編集や撮影には他の隊員を巻き込み、きれいにまとめてもらった。

　ただでさえ限られた人数の中、多くの隊員に助けられ準備したシナリオも荒天となっては狂ってしまう。予報に一喜一憂して迎えた当日朝。自室の窓から風雪がないと確認し、心の中でガッツポーズした。

　野田中との中継は、東日本大震災被災地の未来を担う子どものためにと企画。久慈支局勤務時に取材した地域の生徒が真剣に画面に見入り、たくさん質問してくれた。学校で見届けた先輩記者によると、記事を掲示して事前学習もしてくれたという。

　生徒の震災後の合言葉は「野田村の太陽になろう」。中継の最後に「太陽が出なくなる極夜を前に、太陽の生徒たちがエールを送る」とし、生徒は「フレー、フレー観測隊」と声を合わせた。「太陽」たちがくれた全力のエールは、心に響いて忘れられない。イベント終了後には、多くの隊員が喜びの声を寄せてくれた。4日後、昭和基地は太陽が1カ月半昇らない「極夜」入り。「野田村の太陽」の声援は、長い夜を乗り切る隊員たちの心を照らしてくれた。

Asuka Station
Syowa Station
Mizuho Station
Dome Fuji Station

岩石試料採取
露岩域での岩石試料採取。
25億〜5億年前の大陸地殻
進化の情報を引き出す

生物観測

火星模擬候補地
の調査

絶対重力
測定

第2章
研究・観測最前線

手つかずの自然が多く残る南極は、地球の成り立ちや過去を調べ、
現在起こっている変化を知り、未来を考えることのできる「知のフロンティア」。
世界の国々が基地を置き、協力して研究を進めています。
日本隊もこれまでに「オゾンホール」発見や、先進的な建設技術など数々の貢献をしてきました。
この章では、63次隊の活動を軸に、南極観測の「最前線」を紹介していきます。
また南極観測の根底にある環境保護や共生の理念は、
海を越えた遠い場所の話ではなく、私たちが生きる社会にも関わってきます。
極地からの視点をヒントに、持続可能な未来のこと、一緒に考えてみませんか。

地球・宇宙に迫る63次隊の観測

オーロラの観測
新しい装置を使い高エネルギー電子の降り込みを1年間連続観測

予測と観測
気候変動へ正確な予測につながる「大気重力波」を調べるため、新型気球を使った観測を初めて実施

海洋観測
海の二酸化炭素吸収能力の実態に迫る観測や、氷河近くに暖水がアクセスする様子などを探るため海洋構造を観測

氷河や海洋の直接観測
昭和基地近くのラングホブデ氷河では熱水で掘削し、氷河と海洋の境界のプロセス解明を目指す

南極授業

設営活動
旧建屋解体工事・新規道路工事など基地維持のための設営活動

世界最古級「アイスコア」掘削のための準備作業

氷には過去数十万年に及ぶ気温や大気の変化の情報が閉じ込められており、過去の把握と将来予測が可能。2024年からの本格的な掘削に向け、ドームふじエリアへの物資輸送や調査など準備に当たる。日本隊は72万年前までの気候変動史が記録されたアイスコアを掘削。今回はより古い年代の情報が記録された「世界最古級」の掘削を目指している

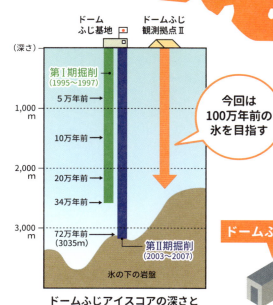

今回は100万年前の氷を目指す

ドームふじアイスコアの深さと年代イメージ

ドームふじ基地

昭和基地

大型大気レーダー（PANSY）

昭和基地にある南極最大の大型大気レーダー（PANSY＝パンジー）の観測。大気重力波が大気大循環をつくり出すのに果たす役割を明らかにする

第1章 南極の不思議

第2章 研究・観測最前線

第3章 教えて！南極ライフ

昭和基地から約1000㌔先のドームふじ基地に到着した遠征チーム。遥か遠くから続く雪上車の「わだち」が、ここまでの道のりを感じさせる＝2022年12月4日（岩手日報社ドローンで撮影）

100万年前の氷 掘り出す準備着々

　地球の気候変動のメカニズムは複雑です。正確なデータをたくさん集めて分析し、将来を予測しなければいけません。その情報がたくさん詰まっているのが、南極大陸を覆う氷「氷床（ひょうしょう）」です。日本の観測隊は真下に掘り進め、筒状の氷「アイスコア」を取り出すことが得意。これまで深さ3035㍍を掘り、72万年前までの気温や大気の情報が閉じ込められた氷を手に入れました。次は世界で最も古い100万年超が目標。人類が手にしたことのない「タイムカプセル」を求め、新たな掘削場の建設を始めました。

　63、64次隊の遠征チーム16人は、昭和基地から約1000㌔離れた南極大陸上で氷床掘削場建設を担当しました。新設する「ドームふじ観測拠点Ⅱ」は、ドームふじ基地から南南西5㌔ほど先の地点。標高約3800㍍の現場に立つと果てしない雪原に感じますが、足元には厚さ2720～2750㍍の氷があると推定されています。

　新拠点は65次隊までの2季で整備する計画。その後も2028年にかけて夏の間に隊員を派遣し、岩盤まで掘削する予定です。

（国立極地研究所提供）

掘削拠点のイメージ

「あと数㍉だけ動かして」。新拠点で使う大型そりの位置を調整する隊員たち。寒さで徐々に手先の感覚がなくなるため、屋外作業は連続で数十分が限界だ＝2022年12月12日、ドームふじエリア

掘削場建設のタイムラプスを見てみよう

第1章　南極の不思議

第2章　研究・観測最前線

第3章　教えて！南極ライフ

空気が薄く「ねじ1本締めるのも苦しくなる」と、経験者から聞いていた南極大陸ドームふじエリア。気圧600ヘクトパスカルの世界はその通り、厳しい環境でしたが、濃密な経験を積むことができました。

　標高約3800㍍というだけでも、富士山（3776㍍）級ですが、高緯度で寒冷な極地では、気圧がさらに低くなり、中緯度の4500㍍に相当します。薄い空気の中での活動はしんどく、10㍍走っただけで息が上がるほど。できるだけ深く、ゆっくり呼吸しないとすぐにバテます。沸点も85度前後になるので、カップ麺を手順通りに作ると硬い仕上がりになります。

　気温は、夏でも氷点下30度を下回ります。分厚い防寒着と手袋で覆いきれない髪の毛やひげが外気にさらされ、たちまち凍り付きます。体温もどんどん奪われるため、作業はスピード勝負。高山病のリスクもあり、日々の健康管理は欠かせません。標高2500㍍付近から血中酸素飽和度や血圧、脈拍などを毎日計測し、健康状態を注視しながらの作業でした。

　掘削拠点は、2022年12月に着工。幅約4㍍、深さ約3㍍、長さ約36㍍のトレンチ（溝）整備は、重機と手作業で進めました。内部に掘削用ドリルをつり下げる3㌧のウインチを設置し、屋根を仕上げました。

　屋根の骨組みは、新素材「炭素繊維強化プラスチック（CFRP）」を使用。従来の鉄製より約40％軽く、強度も十分。空気の薄い高地、極寒の環境下での作業負担軽減に貢献してくれました。今回のデータを分析し、国内の建築現場でも利用できるか検証します。

　現地での作業は順調だったものの、昭和基地出発直後の荒天の影響できつい日程に。トレンチのピット（穴）の深さは10㍍を目指していましたが、今季は3㍍で終了。掘削場のトレンチとつながる一時貯蔵庫整備は持ち越しとなりました。

ドームふじ観測拠点Ⅱの掘削拠点に屋根を架設。完成したばかりの床面に影が伸びると、不思議な模様のアートのようだ＝2023年1月3日、午後4時16分

重さ3㌧のウインチを掘削場内に据え付ける隊員たち＝2022年12月24日、午後4時53分

今季の建設作業が終わったドームふじ観測拠点Ⅱ。氷雪を掘り込み、黄色い屋根をかけた掘削場などの整備が進んだ＝2023年1月13日（岩手日報社ドローンで撮影）

ドームふじ遠征の道のり

日本隊は2007年に深さ3035メートルまでの氷床掘削に成功していますが、付近を調べ、最高地点を決めたのは1985年。ルートを開き、物資を運び、ドームふじ基地での越冬、1度目の掘削を経てたどり着きました。今回の新たな掘削地点を決める前にも3回現地調査し、6年も議論したそうです。

長期的な挑戦をやり遂げるには、国内からの技術や物資支援も欠かせません。多くの積み重ねが、現在の研究や設営を支えているんですね。活動のバトンをつないだ63、64次隊遠征チームの奮闘を振り返ります。

START

2022年7月から約2カ月をかけて16人約100日分の行動食作り

安全なルートを調べたり、集積拠点にそりや物資を運び込むといった準備を経て、2022年11月10日に昭和基地出発

2023年1月17日、さぁ復路1000キロ！

途中で雪上車が壊れ、そりでけん引することになりながら…（2023年1月19日）

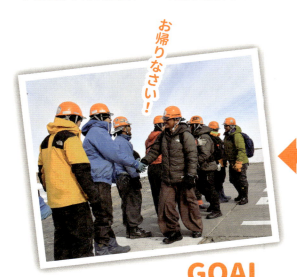

GOAL

2023年1月31日、昭和基地に無事帰還。お疲れさまでした！

雪上車で、ひたすら内陸部を目指して進む（2022年11月25日）

約1カ月で無事到着！
2022年12月4日、往路1000㌔を走破してドームふじ基地に到着！

重機でトレンチ溝を掘り進める（2022年12月19日）

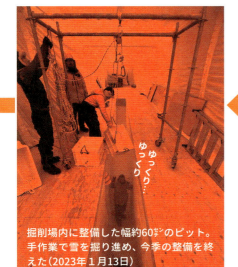
掘削場内に整備した幅約60㌢のピット。手作業で雪を掘り進め、今季の整備を終えた（2023年1月13日）

氷床を掘り込んだ掘削場に高屋根を設置。骨組み中央部の3フレーム（黒色）に軽くて強い新素材を使った（2023年1月3日、岩手日報社ドローンで撮影）

採れた！
2022年12月27日までの計11日間、氷床掘削の訓練も実施。今回は深さ125㍍の氷を採取した

第1章 南極の不思議

第2章 研究・観測最前線

第3章 教えて！南極ライフ

深さ約120㍍から掘削した筒状の氷「アイスコア」＝2022年12月

ペンギン記者の
ひとくちメモ

健生記者たち63、64次観測隊が帰った後もドームふじ観測拠点Ⅱでの活動は順調に進んでいます。掘削場が完成し、2024年12月に到着した65、66次隊がついに深層掘削を始めました。

掘削は2028年まで行う計画です。浅い部分の新しい空気から深い部分の古い空気まで並べると、100万年分の気候変動史が見えてくるというんですから、期待しちゃいます！

"深層"解明スタート！

南極への出発前、開発に関わった深層掘削ドリルの試験に臨む小原徳昭さん＝2024年6月24日、東京都立川市・国立極地研究所

夏になるたび、隊員がやって来て活動していますが、2024年に到着したメンバーには岩手県人がいました！ 盛岡市出身の小原徳昭さん＝ロボティスタ＝は観測隊5回目のベテランですが、ドームふじエリアに来たのは初めてです。掘削するドリルの電装系の設置やメンテナンスを担います。出発前には東京都の国立極地研究所で、盛岡一高の同級生でもある同研究所の菊池雅行助教と低温試験に取り組み、準備を重ねて極地に赴きました。

海が氷河を解かす仕組みに迫る

東南極最大級のトッテン氷河河口付近（しらせ艦載ヘリから撮影）＝2023年3月

クレーンでつったゴンドラを使い、海氷を直接採取する観測も行われた＝2023年3月4日（岩手日報社ドローンで撮影）

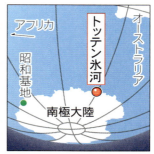

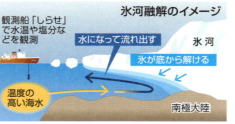

気候変動のメカニズムは複雑で、将来予測のためにはさまざまな角度から詳しい観測が欠かせません。近年集中的に観測されているのが、東南極最大級の「トッテン氷河」周辺。海水が氷河の河口部を解かす仕組みを明らかにしようと、海洋観測を進めています。

氷床がどんどん解ければ、海面上昇はもちろん、地球全体の海水の動きへの影響も懸念されます。

トッテン氷河では沖合の暖かい水が河口部の海に浮いた「棚氷」の下に流れ込んで、底面から解かすことが氷をどんどん流失させる一つの原因と考えられています。暖かい水の入るタイミングや方向、程度を詳しく知りたいところです。

そこで64次隊では氷河沖約20㌔で、水温や塩分、流向・流速などを調べる測器を長さ約500㍍のワイヤに付けて設置しました。観測船しらせから海上自衛隊員たちが海中に投下。ワイヤ末端の約700㌔の重りを投げ入れ、水深500～1000㍍に固定しました。

北海道大低温科学研究所などによると、南極の氷が全て解けると地球上の海水準が約60㍍上昇するとされ、うち約50㍍分に相当する氷が東南極にあるそうです。

第1章 南極の不思議

第2章 研究・観測最前線

第3章 教えて！南極ライフ

氷河の底面を目指し、先端から高圧の熱水が噴射されるチューブを慎重にのばしていく観測隊員。約550㍍下の底面に達した＝2022年1月6日

氷河流出の謎 突き止める

熱水掘削観測のイメージ

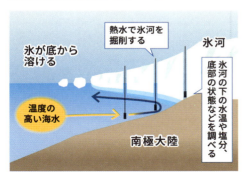

　南極大陸を覆う分厚い氷は、少しずつ海に向かって流れています。この「氷河」が海に流れ出す様子を詳しく知るため、氷河と下の地盤が接する部分を直接調べてみよう—と観測隊は初めての調査に挑みました。氷河を熱水で真下に約550㍍掘り、データを集めたのです。地球の気候が変わり、氷河が減ることが心配される中、未来を予測する上で重要な調査に取り組みました。

　熱水で掘ったのは、昭和基地の南約20㌔にある「ラングホブデ氷河」。2022年1月、北海道大低温科学研究所の杉山慎教授（52）＝雪氷学、愛知県春日井市出身＝ら3人が中心となり、氷河河口部から約5㌔内陸側で実施しました。

　先端から約80度の高圧熱水が噴射されるチューブを使い、時速20〜60㌢のペースで氷を掘り進めます。太陽の光を浴びながら、隊員たちは黙々と作業しました。

　約14時間で約550㍍下の地盤に到達すると、隊員たちはほっとした表情に。穴の中を撮影し、氷の温度や水圧を測る機器を設置しました。氷河の流れるスピードや、氷の底面の滑りやすさなどを調べるためです。

　杉山教授は「氷河が地盤の上をどれだけ滑っているのかが分かる『生データ』が取れれば、氷河が海に流出していくまでの仕組みについて、新たな見方を打ち出せる」と期待していました。

　杉山教授らの研究チームは2018年、この氷河から流れ出て海に浮いている「棚氷（たなごおり）」でも観測しました。氷が解けるよりも1度前後温かい水が、棚氷の下に流れ込む様子を直接観測。データを分析すると、氷河の底面が海水で毎年1㍍以上解けていることも分かっています。

　将来、より多くの氷が海に流れ、南極氷床が縮小しないかが心配されています。共同研究している海の観測データと合わせ、氷床が解ける将来予測に役立てるそうです。南極氷河の底面の観測は例が少なく、熱水掘削できるチームは世界でも限られています。

南極大陸から海（手前）に向かって氷が押し出されるラングホブデ氷河の河口部。速い所では1年に約100㍍も流れる＝2022年1月9日（岩手日報社ドローンで撮影）

約1000本のアンテナが並ぶ昭和基地の大型大気レーダー「PANSY(パンジー)」。気候変動の正確な予測に生かすためのデータを取り続けている＝2022年4月8日(岩手日報社ドローンで撮影)

大気の流れを読む大型レーダー

　気候変動を調べる上で、地球全体を巡る大気の流れを把握することは重要なポイントです。しかし、流れの出発点であり終着点とされる南極域、特に高度50～90㌔の観測は難しいといわれ、分かっていないことが多くあります。解明の鍵を握るのが、昭和基地の大型大気レーダー「PANSY（パンジー）」のデータ。地球の大気の動きを探るのはもちろん、身近な予報への活用も期待されています。

　昭和基地主要部から約500㍍先、約1000本のアンテナがずらりと並んでいます。約１万8000平方㍍に規則的に配置されたアンテナ全体が、大型大気レーダー。2012年から通年観測を始め、南極域では最大規模を誇ります。

　アンテナから上空に向かい、強力な電波を発信。大気中で散乱されて戻ったわずかな電波（反射エコー）を捉え、大気の動き（風）や電子密度を調べる仕組みです。高い観測精度が自慢。上空100㌔までの大気の動きを高さ150～600㍍ごとに１分間隔で観測することができます。

　PANSYが解明を目指す主なターゲットが「大気重力波」。大気循環の駆動力とされ、働きをモデルに組み込むことが気候変動の正確な予測につながるのです。

　昭和基地は、大型大気レーダーの国際共同観測で南極域の貴重な観測点に位置づけられています。2016年からは全世界にある約20基のレーダーと連携して地球全体の大気の様子を調べています。

　国連の持続可能な開発目標（SDGs）の一つに「気候変動に具体的な対策を」というテーマが掲げられています。しかし、多くの人が取り組んでいくためには、確かな根拠となる正確な予測が欠かせません。さらに気候変動の問題は貧困や飢餓、エネルギーなどさまざまなSDGsの目標にも関わってきます。

　大気の流れをつかむ観測は、私たちの生活に身近な天気予報にも関わりがあります。気候予測モデルに組み込むことで、海外で天気予報の精度が上がったという研究結果も出ています。オーロラや南極大陸から吹き下りる「カタバ風」による大気循環の解明、上空のオゾン量が極端に減少する「オゾンホール」などの観測にも貢献しています。

　国内で研究代表を務める東京大大学院理学系研究科の佐藤薫教授（60）＝大気科学、福島県いわき市出身＝は「環境の変化を捉えるため、継続的に現実を見て、科学として理解する姿勢が大切。特に未解明の大気領域（南極大気や中間圏）の物理を解明できれば将来予測が可能となり、季節の中での変動や季節変動の予測精度向上につながる」と話しています。

オーロラなど、宇宙空間が地球大気に与える影響

観測に欠かせない国際協力

　南極はどこの国のものでもない、世界唯一の大陸です。日本を含む、基地を置く各国が「南極条約」というルールの下、平和的な目的のために利用しています。世界の国々が領土権を主張しないで、持続可能な人類の未来を目指して一緒に研究する―。南極観測は「国際協力の理想型」とされています。新型コロナウイルス禍や紛争、テロなど分断への懸念が高まる今だからこそ、60年以上重ねてきた取り組みの意義は、とても大きいといえます。

　平均風速19.5メートル。強い風雪を受けながら、昭和基地で観測用気球を放ちます。発達した低気圧が南極周辺に近づくタイミングで行う観測。南極の天気予報の精度向上を目指す国際プロジェクトで、昭和基地を含む14カ国計25カ所の観測点で実施しています。観測を担当する岩本勉之（かつし）さん（50）＝北海道・紋別市職員、福岡市出身＝は「南極を1国で網羅することは不可能。各国が一致団結することで広い空間をカバーできる」と効果を実感していました。

　国際共同観測の歴史をひもといてみましょう。全球規模で地球物理観測を展開した1957、58年の「国際地球観測年（IGY）」に60カ国超が参加。日本の南極観測もスタートしました。

　構築された協力体制を継続しようと、南極観測に参加した日本など12カ国が原署名国となり1961年に発効されたのが「南極条約」。「領土権主張の凍結」「南極地域の平和利用」「科学的調査の自由」「科学的計画の情報、科学要員、観測結果の交換」などが取り決められました。

　条約発効から半世紀以上たった現在、締約国は54カ国、通年観測を行っている基地は約40カ所まで拡大。昭和基地では気球観測以外にも、大気、地震、オーロラなど幅広い共同研究観測が実施されています。

　持続可能な開発目標（SDGs）にある「パートナーシップで目標を達成しよう」は、開発途上国支援という視点が中心。南極条約や共同観測は直接関連しているわけではありません。しかし、理念と実際の運営は、国の規模や立場を問わず持続的な社会を実現するというSDGsの考え方と大いに通じています。南極は人類の共通財産として、国々が歩調を合わせて取り組むことの大切さを示しています。

南極の天気予報精度向上に向けた外国基地との共同観測のため、気球を放つ観測隊員＝2022年7月7日、昭和基地

各国基地から届いたグリーティングカード。ウクライナのベルナツキー基地（手前）からも届いた＝2022年7月12日

第1章 南極の不思議

第2章 研究・観測最前線

第3章 教えて！南極ライフ

持続可能な開発目標（SDGs）

2015年に国連サミットで採択された国際目標。「誰一人取り残さない」を基本理念に、環境破壊や人権侵害をなくし、全ての人が豊かに暮らす世界の実現を目指す。男女平等や水資源・地球温暖化関連、経済成長など内容は多岐にわたる。「パートナーシップで目標を達成しよう」など17の目標と、具体的な取り組みとなる169のターゲットを掲げて普及を図っている。

ペンギン記者のひとくちメモ

南極は人類共通の財産

どうも、ペンギン記者です。ペンギンも縄張り意識はありますが、人間社会は紛争が絶えませんね。ところが、南極は人類共通の財産として、各国が領土権を凍結しているんです。

領土と主張していたのは英国、ノルウェー、オーストラリア、アルゼンチンなど。探検隊の発見や自国に近いとの理由です。そんな状況でも南極を平和目的利用とし、領土権を凍結したのが南極条約。きっかけは1957、58年の国際地球観測年（IGY）でした。

IGYは国際協力で極地観測を行う「国際極年」の3回目。それ以前の国際極年では、地球物理学の世界的権威で、二戸市出身の田中舘愛橘（たなかだて・あいきつ）博士が観測に関わっているんですよ。

各国は共同観測だけでなく、基地同士でも交流します。昭和基地は最寄り基地まで約1000㌔なので訪問は難しいですが、インターネットで交流。昭和基地など12基地がスポーツなどで競い合う「ANTARCTIC GAMES（アンタークティック・ゲームス）」も開かれています。

隊員たちが例年楽しみにしているのが、冬至前後に送り合うグリーティングカード。2022年は、ウクライナの越冬隊員からも昭和基地にメッセージが届きました。平和の象徴の南極から、真の平和の実現を願っています。

南極days

南極と岩手、深い関わり

　南極観測と岩手は深く関わってきました。事業の"源流"や、現場の担い手として、岩手県出身者は存在感を示してきました。

　1956年11月に出発した1次隊の永田武隊長は、地球物理学の世界的権威で二戸市出身の田中舘愛橘（たなかだて・あいきつ）博士の「孫弟子」でした。田中舘愛橘会（二戸市）の菅原孝平副会長によると、博士のローマ字日記には、永田氏は年5回以上訪ねてきたことが記されています。博士の追悼文を業界誌に寄稿したほか、墓前に南極での成功を報告しました。

　日本の南極観測は、国際地球観測年（1957、58年）に参加する目的で始まりました。日本は参加を申し込みましたが、敗戦国の国際社会を「時期尚早」と反対する声もありました。参加できた要因についてはさまざまな見方がありますが、田中舘博士は前身の「国際極年観測」に参加し国際的な実績を重ねていたことも大きかったといいます。

　重力、地磁気、気象などの観測は現在も極地で行われており、注目を集める気候変動分野にもつながっています。特に地磁気観測は半世紀以上に及びます。

　岩手県関係の隊員も活躍しています。花巻市出身の故藤原健蔵さんは1968年、9次隊に参加し、日本人として初めて南極点に到達。往復5200㌔の旅行に成功しました。

　遠征メンバーの1人だった故矢内桂三さんは南極隕石（いんせき）の収集で活躍。その後、岩手大教授となりました。南極大陸を覆う氷で隕石が運ばれ、集まる場所を特定。月や火星の石も見つけました。日本は世界有数の隕石保有国。観測隊が2000年に発見し、国立極地研究所（東京都立川市）が保管している「火星の石」は、2025年大阪・関西万博の目玉展示の一つです。

　1960年出発の5次隊に参加し、オーロラ研究で名をはせた故斎藤文一さん＝北上市出身＝は宮沢賢治研究でも知られました。

　橋田元（げん）国立極地研究所教授＝盛岡市出身＝は計8回、観測隊に参加。62次、65次隊では隊長を務めました。

　61次隊では岩手県出身の3人が越冬し、49次隊では熊谷英明隊員（一関市出身）が南極地域での無人航空機を使った100㌔超の長距離気象観測に世界で初めて成功しています。基地設営の技術者や調理隊員でも重要な役割を果たしています。

　岩手日報社からの記者派遣は、南極湖沼潜水取材に世界で初めて成功した2007〜08年の49次夏隊以来。63次隊の菊池健生記者は地方紙記者初の越冬隊同行、ドームふじエリアの取材を成功させました。

極地でつなぐ岩手県人の思い

南極観測隊に参加した岩手県人は出発前、極地、帰国後とさまざまな場面で岩手日報社の取材に応じ、すてきな言葉を届けてくれました。近年の隊員の思いを抜粋して紹介します。

内村 光尚さん（盛岡市出身）＝58次越冬隊の調理隊員

越冬隊は20～50代の多様な職種の隊員が1年を過ごします。見知らぬ人が「家族」になっていく上で、料理人はバランスを考えながら過ごす。その上で（盛岡商高時代に身につけた）サッカーの「カバーする」「サポートする」という感覚が役立ちました。仲良しなだけでなく、大事なことは意見をぶつけ合ってこそ、いいチームになれるのです。

2020年6月、高校生向け企画「私のアオハル」より

熊谷 英明さん（一関市出身）＝49次越冬隊

最初に昭和基地へ降り立ったインパクトは大きかった。オーロラやペンギン、氷山など自然を見られたことも心に残る。これまでの自分の尺度では表せない「すごい」としか言えなくなる光景に出合えた。自然条件が厳しい南極で一年間仕事をするのは、やはり大変。

2009年1月、昭和基地で電話取材に応じた

橋田 元・国立極地研究所教授（盛岡市出身）＝62次隊と65次隊で隊長を務めるなど計8回参加

南極と岩手で同じようなことが起きているわけではないが、地球というシステムではつながっている。（気候変動を）対岸の火事と捉える人がまだ多い。情報を発信してきた観測隊の活動に興味を持ってほしいし、地球の将来を良い方向に持っていく助けになれればと思う。

2023年10月、65次隊出発前のインタビューより

小原 徳昭さん（盛岡市出身）＝66次隊など計5回観測隊に参加

見渡す限り真っ白な世界を感じ、息苦しさすらも楽しんできたい。

2024年6月、初のドームふじエリア遠征の正式決定を受け

志村 俊昭さん（花巻市出身）＝50次夏別動隊

人の手が入っていない。地球そのものが感じられる。

2000㍍級の山地で3カ月キャンプし、数億年前の超大陸の謎に迫った（2009年1月、極地の魅力を語る）

佐藤 丞さん（盛岡市出身）＝61次隊、65次隊で越冬

自然は全てが想像以上の素晴らしさ。満月に負けないほど明るいオーロラやペンギン、アザラシに感動した。雪かきや凍結した雪面の歩き方など雪国育ちの方が向いている点も多い。

2020年10月、越冬中の昭和基地から寄せたメッセージより

大熊 貴弘さん（二戸市出身）＝66次隊の建築・土木担当

南極はロマンのある場所。特殊な条件下でも計画通りに仕事を進めていきたい。事故で人は簡単に命を落とす。安全に対する意識は徹底する。

2024年12月、初の南極行を前に決意

田中舘愛橘博士の関連観測脈々

　田中舘愛橘博士を源流とする観測は、日本隊で半世紀以上も続けられ、貴重なデータを積み重ねています。63次越冬隊は月1回、昭和基地で地磁気の絶対値を求める観測を行いました。「大きな磁石」に例えられる地球の内部の変化を捉え、宇宙にもつながる重要な観測。田中舘博士が、地磁気測定を日本で推進させました。

　昭和基地の地磁気変化計室。遠藤哲歩（あきほ）さん（24）＝国立極地研究所、相模原市出身＝が、記録係の田村芳隆さん（55）＝国立極地研究所、千葉県松戸市出身＝に観測開始の合図を送ります。

　磁気儀を使って地磁気の上下と水平の向きを確認した後、磁力計で地磁気の強さを測ります。観測精度に影響を与えないよう室内に金属類は持ち込めません。暖房もないため、氷点下15度ほどまで冷え込みます。

　遠藤さんは「寒い中で長時間の細かい作業は大変。機材も壊れやすいので、丁寧に扱わなければ」と細心の注意を払います。

　地磁気は地球内部の核の流動によって発生し、時々刻々と変化します。近年は北磁極が大きく移動。N極とS極は不規則に反転し、現在の状態になった約77万年前の「地磁気逆転」の証拠が残る「チバニアン」の地層も話題となりました。

　昭和基地での観測は7次隊（1966年）から実施。観測データは南極域の貴重な実測値として、地球規模の磁場分布を示す国際標準地球磁場モデル「IGRF」の算出に使われています。地磁気の状態と密接な関係があるオーロラ観測でも活用され、地球そのものや宇宙とのつながりを理解するための基本情報として役立てられています。

磁気儀の動作を確認する遠藤哲歩（あきほ）さん（手前）と観測結果をチェックする田村芳隆さん。二戸市出身の田中舘愛橘博士を源流とする地磁気観測は、半世紀以上も貴重なデータを積み重ねている＝2022年8月24日、東オングル島

田中舘愛橘 （1856～1952年）

　旧福岡町（現二戸市）に生まれ、地震や地磁気、航空など幅広い分野で活躍した地球物理学の世界的権威。東京大や海外で学び、東京大教授として研究、指導に努めた。1891年の濃尾地震では被災地に入って地磁気を測定し、大断層も発見。国の「震災予防調査会」創立につなげた。水沢緯度観測所（現奥州市、国立天文台水沢VLBI観測所）設立に携わり、研究以外でもメートル法やローマ字の普及に尽力した。国際会議でアインシュタインやキュリー夫人らと椅子を並べるなど世界でも活躍。1944年文化勲章。

地球を見通すVLBI観測

VLBI観測に使う高さ12㍍、直径11㍍のアンテナ。風雪から守るレドームに覆われている＝2022年10月14日、昭和基地

　海面が上昇したり、地殻が変動したり、地球は変化しています。変化を正確に知るためには、今の地球の状態を定期的に測っておく必要があります。でも大きな地球を測る物差しは…あるんです。天体の電波をアンテナで受信し、地点間の精密な距離を測る「VLBI観測」というやり方。奥州市の国立天文台水沢VLBI観測所でも行われています。昭和基地で得られる南極域のデータは貴重で、地図や地理情報システムの国際基準にもなる基本情報を取得しています。

　基地の「衛星受信棟」で観測するのは、設営隊員の光野和剛（かずたか）さん（40）＝NECネッツエスアイ、名古屋市出身。アンテナの向きを確認して観測スタートです。

　数十億光年離れた銀河中心部にある明るい天体「クエーサー」の電波を、世界各地のアンテナが同時に受信します。地点によってわずかな時間差があり、遅れた時間からアンテナ間の正確な距離を求めます。数千㌔離れた地点間の距離を誤差数ミリで測れます。

　2022年10月の観測には、南アフリカやドイツ、ノルウェーなど計11観測点が参加。異常にすぐ対応できるよう、観測中は光野さんらが泊まり込み、24時間態勢で監視します。

　現在、南極域でVLBI観測を実施しているのは昭和基地と南極半島のオヒギンズ基地（チリ）のみ。南半球は観測点が少なく、地球上の空白域を埋める貴重な存在です。

　昭和基地のVLBI観測を国内で取りまとめ、64次隊にも参加している青山雄一・国立極地研究所准教授（52）＝測地学＝は、水沢観測所に在籍経験があります。青山准教授は「文明圏から離れている南極は電波の受信環境も良い。システム更新も見据えながら、国際的な中核局を目指していきたい」と話しています。

※VLBI（超長基線電波干渉法）＝Very Long Baseline Interferometryの略。VLBI観測によって離れた複数の電波望遠鏡の観測データを合成し、天体の位置や運動を高精度で捉えることができる。

VLBI観測の仕組みのイメージ

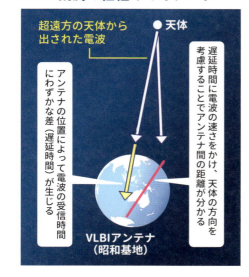

コケむす岩場、生態系チェック

　寒くて乾燥し、太陽が昇らない時季まである―。南極は植物が生きていくには条件が厳しく、数や種類は限られています。その分、変化の兆しがあれば、捉えやすいとも考えられます。人類の産業活動がない南極で、温暖化の影響は表れていないか―。兆しを見逃さぬよう、隊員が地道にデータを積み重ねています。

　調査したのは、昭和基地の南約20㌔の南極大陸にある「ラングホブデ雪鳥沢」。コケ類など陸上生物の生態系が基地周辺で最も豊かなエリアです。雪が解けてあらわになった岩肌や沢沿いに、コケや地衣類（菌類と藻類の共生体）の群落が見えました。もちろん花や木々はありませんが、短い夏を生きる植物の輝きが感じられます。

　富山県立大講師の63次夏隊員、中沢暦（こよみ）さん（41）＝環境科学、兵庫県宝塚市出身＝ら4人が2022年1月に観測。沢沿いに約2㌔を歩き、例年の調査場所を見つけては、決められた範囲をカメラで撮影していきます。調査場所は約50地点。以前と比較することで、環境の変化を見つけられます。

　観測隊は長年、湖や沼でも水温や光の量などの調査を続けています。中沢さんは陸上生態系との関連を調べるため、土や水も採取。中沢さんは「南極でここまで生物が豊かな場所はなかなかない。どのような結果が出てくるのか楽しみ」と歩き続けました。

　雪鳥沢は、南極条約協議国会議の「特別保護地区」指定エリア。日本が管理するのはここだけで、活動する際には環境相の許可が必要です。

決められた調査地点でコケなどの生息状況を確認する中沢暦さん＝2022年1月16日、沿岸露岩域「ラングホブデ雪鳥沢」

ペンギン記者のひとくちメモ

外来植物にも神経使う

　どうも、ペンギン記者です。健生記者は地方紙記者初の越冬取材に加えドームふじエリア遠征と大車輪の活躍でしたが、生物とふれあう場面は意外と少なく、植物観測取材は貴重な機会でした。

　昭和基地周辺で最も高等な植物はコケ類。樹木や花が咲く植物は存在し得ない世界です。

　ところが、30年近く前、基地の南約20㌔にあるラングホブデ「ぬるめ池」付近で、36次隊の伊村智さん（現国立極地研究所副所長）がイネ科の植物を見つけました。監視の結果、拡大はしなかったものの、13年間枯れませんでした。伊村さんが隊長を務めた49次隊で根の一本まで、バーナーで焼いて処分しました。

　付近には以前、観測小屋が立っており、日本隊の物資や装備にまぎれて持ち込まれたとみられます。その後は外来植物・動物の持ち込みはありません。持ち込みの危険性も含め、隊員に対する環境教育は充実しているそうです。

　草一株でも広がれば、土着の植物に影響するでしょう。廃棄物が野ざらしでは動物が傷つく恐れもあります。南極本来の生態系を守るため、隊員たちは神経を使っているんですね。

健生記者の取材ノート
表紙のペンギン どうしてこうなった？

　アデリーペンギン、前から見るか、横から見るか—。春の南極・昭和基地をペンギンが通るようになり、撮影のチャンスも増えてきた。角度によって全く違う姿に見え、映画のタイトルのような心境になってしまった。

　2022年10月下旬、最初に確認されたのは1羽だったが、翌日は同じ場所で3羽見られた。仲間を連れて遊びに来たのか、別のグループか。雪上に腹ばいになり、しばらく動かない。陽光を浴び、気持ち良くうたた寝しているようだ。

　警戒している様子もないため、こちらもペンギンの目線に、と腹ばいで撮影。5㍍以内に近づいてはいけないため、望遠レンズを構える。横向きにたたずむ姿は図鑑や写真集によく載っている構図だが、正面から見ると、何とも言えない魅力を感じた。

　正直かわいいとは思えなかったが、鳥らしい鋭い目と、まんじゅうのような丸い体のアンバランスさ。あまりに穏やかな時間が流れ、気づけばほとんど動かない被写体を1時間近く撮影していた。

　昭和基地は夏に向け、本格的な除雪作業や次隊の受け入れ準備など日を追うごとに忙しくなる。人間を全く気にせず、のんびりしていたペンギンもこれからが繁殖期。ゆっくりとした時の流れを生きているように見えても、ひなを育て餌（えさ）を取りに海に出る。一面だけでなく、多様な角度から見る大切さを教えられた気がした。もちろん3羽にそんなつもりはないだろうが。

"火星探査"適地はどこだ

 寒冷で乾燥した南極は、火星の初期の状態に似ているとされています。そこで、将来の火星探査に役立てようと、観測隊は南極大陸で「火星模擬候補地」を探しました。地質や地形の調査結果は国内で分析し、将来的に探査機に関して実験できる場所があるか、判断します。

 調査は夏隊員の新潟大助教、野口里奈さん（34）＝惑星火山学、福井県坂井市出身＝が5カ所で実施。そのうちの1カ所「スカルブスネス」では、赤茶けた岩肌にハンマーを振るい、岩石を採取して岩場や砂地の状況を調べました。

 野口さんは南極の岩石や水から、火星の地形の成り立ちや風化の過程を解明するヒントを得られる可能性もあるとし「高温多湿な日本では火星と似た環境を見つけること自体が難しいんです。南極と火星を橋渡しできればいいですね」と話しました。

 火星地下環境探査の検討は、宇宙航空研究開発機構（JAXA）が中心。日本独自の模擬地は、探査機の着陸候補地を選ぶ上で重要な科学評価や工学技術検討を行うことが目的です。

火星模擬地の選定調査のため、赤茶けた岩肌から岩石を採取し、写真撮影する野口里奈さん＝2022年1月14日、露岩域「スカルブスネス」

ゴンドワナ超大陸　手がかり掘り起こせ

ゴンドワナ超大陸
アラビア半島
スリランカ
アフリカ
インド
南アメリカ
南極
オーストラリア
東西の境目

　現在の南極やアフリカ、オーストラリア、南米の大陸などがまとまっていた「ゴンドワナ超大陸」の謎を解く鍵が、南極にあるとされています。約5億年前に大陸同士が衝突したという手がかりを探し、超大陸のできた過程や地球の過去を解き明かそうと、観測隊は地質調査を行いました。

　昭和基地の南西約100㌔の「ベルナバネ」は、大陸同士が衝突した際、地下深部の岩が露出したとされるエリア。この場所での地質調査は初めてです。

　カーン。静寂の世界に岩石を割る音が響きます。隊員が岩の内部を確かめながら、サンプルを採取します。岩を入れたザックの重さは40㌔にもなりました。

　ゴンドワナ超大陸は岩手県沿岸南部の「南部北上帯」ともつながっています。南部北上帯は、もともと赤道近くの低緯度に堆積した地層と考えられ、ゴンドワナの北縁付近から北上したとされています。

　地球の歴史を解く鍵といえる岩石は各地に存在しますが、南極は植生が乏しいため、岩盤の様子をはっきり観察することができます。昭和基地がある東南極では、約25億年前の岩体も分布するなど古い年代の岩石が露出しています。鉱物や年代の分布を把握することで、超大陸の成り立ちの謎に迫ることができます。

　馬場壮太郎琉球大教授（53）＝地質学・岩石学、北九州市出身＝は「過去の地球を知ることが、この惑星の未来の姿を知ることにもつながる」と調査の意義を語ります。

地球の太古の歴史に迫るべく、露岩域「ベルナバネ」で岩石のサンプルを採取する加々島慎一さん＝2022年1月26日

第1章　南極の不思議
第2章　研究・観測最前線
第3章　教えて！南極ライフ

建設に携わった自然エネルギー棟の前に立つ堀川秀昭さん。各国で激甚化する自然災害を念頭に「地球で最も厳しい環境の一つの南極で得た知見が『強い家』を造る上で生かされる」と未来を見据える＝2022年3月9日、昭和基地

命を守るプレハブ技術

　日本の南極観測は、建築技術の挑戦と進化抜きには語れません。1957年に建てられた昭和基地開設時の4棟は、日本初のプレハブ建築。容易に建てられ、厳しい自然に耐えるという困難な条件から生まれました。源流とした工法は普及し、2011年に発生した東日本大震災の仮設住宅として建てられ、岩手県内でも被災者の生活を支えました。

　流線形のデザイン、太陽熱を集めるパネル。ひときわ目を引く昭和基地最大級の建造物が「自然エネルギー棟」。「大工だから、自分の手掛けたものには愛着が湧くね」。53次越冬隊(2011〜13年)として、建設に携わった堀川秀昭さん(49)=ミサワホーム建設、川崎市出身=が見つめます。

　雪上車整備など多くの作業を行う棟は2階建て、延べ床面積840平方㍍。木質パネルを組み合わせて建設されました。流線形は風を後方に逃がすように設計。壁面パネルは太陽光で暖気をつくり、室内暖房として活用することができます。

　再生可能エネルギー使用、省エネ、過酷な自然への耐性と、建築に時代が求める要素を詰め込んだ建造物。こうした建築技術の挑戦は、1957年のプレハブ4棟から始まりました。

　当初の設計は、日本建築学会の南極建築委員会が担当。日本は国際社会に「上陸不能地域」の観測を任されたため、現地情報がないまま検討を進めました。作業する隊員は建築の素人。期間や物資も限られます。そこで、国内で加工した木質パネルを現地で組み立てるだけというプレハブ工法を採用。建物は激しい風雪から隊員を守り、観測を支え続けました。1次隊が建てた旧主屋棟は、60年以上経っても形を残しています。

　プレハブ工法はその後、国内で普及しました。高断熱や高気密、耐久性、短期間で造りやすい―。南極で求められ、進化した建築技術。用途は幅広く、災害時の仮設住宅としても活用されています。

　災害に強く、新技術の産業化につながる歩みは「産業と技術革新の基盤をつくろう」「住み続けられるまちづくりを」「エネルギーをみんなに　そしてクリーンに」と、持続可能な開発目標(SDGs)にも多く当てはまります。観測隊での利用をきっかけに、挑戦を続けてきた技術が、人類の未来から身近な暮らしまで幅広く貢献しています。

1次隊が設置した旧主屋棟。当時の姿をとどめている=2022年3月9日、昭和基地

東日本大震災被災地の暮らしを支えた
東日本大震災発生後、大船渡市で建設が進められたプレハブ仮設住宅=2011年4月9日

進化を続ける「走る研究室」

　研究者らがさまざまな角度からアプローチする「地球の環境センサー」南極。持続可能な開発目標（SDGs）の一つ「気候変動に具体的な対策を」に関する観測も展開されていますが、データ取得を支える機器や技術の進化は欠かせません。特に過酷な自然環境で重要なのが雪上車。63次隊では待望の新型「LAV」がデビューしました。

　LAVは「Large Antarctic Vehicle（大きな南極の車）」の頭文字。大原鉄工所（新潟県長岡市）が手掛け、その名の通り全長約8㍍、高さ約3.5㍍の大型車です。1991年に導入され、現在も活躍する「SM100S」より大きくし、天井は約30㌢高い2㍍。車内で立って歩けるんです。気候変動史を探る研究を支える新車両は、燃料効率でも進化。けん引力はSM100Sに比べると約10㌧増え、パワーアップしました。

　快適な車内空間は、観測を進める上でとても重要。そのため新型車は「研究者の生活環境の改善」をコンセプトに開発されました。広い車内は側面にヒノキ、床材に竹を使って温かみのある内装になっています。氷点下60度までの耐寒仕様。厳しい環境でも隊員がミッションを果たせるよう細部までこだわりました。

　極地での観測は、研究面も技術面も、英知の結集と長年の積み重ねがあってこそ。未来を良くするために取り組むSDGsも同様ですね。

大原鉄工所が開発した大型雪上車「LAV」。大量の物資を運べるだけでなく、車内で快適に過ごせるよう工夫を凝らしている＝2022年5月10日、昭和基地

側面にヒノキ、床材に竹を使用したLAVの車内。天井は2㍍あり、立ったまま移動できる＝2022年5月10日

内陸観測で運用されている従来の大型雪上車「SM100S」＝2021年12月18日、南極大陸の輸送拠点「S16」

ペンギン記者の
ひとくちメモ

初期型も現役で活躍中

　どうも、ペンギン記者です。雪上車は、1957年に1次隊が来たときに持ち込まれ、その後もどんどん進化。初めのうちはそりを引く犬も来て驚いたけれど、今は内陸基地への輸送は雪上車が大きな役割を果たしています。いろんな車があったけれど、印象的だったのは9次隊。1968年に南極点まで行ったんですよ。レーダーなど測定機器を積むと「走る研究室」といった感じです。

　近年の主流はSM100S。1991年の導入以降、初期型も修繕しながら現役で活躍しています。故障リスクが少ないシンプルな車両設計だけれど、高い技術力の車両隊員がしっかり整備してきたからこそ。物を大切に使うこともSDGsにつながるね。

　それにしても健生記者が取材した新型の雪上車、すごい機能ですね。私が注目したのは走行用ベルト。軟らかい雪でも効率的に走れるよう工夫したんですって。ペンギンはよちよち歩くか、腹で氷を滑るしかないから、うらやましいだろうって？水中なら負けないもん！

第1章　南極の不思議

第2章　研究・観測最前線

第3章　教えて！南極ライフ

定着氷を割りながら昭和基地を目指して南極海を進む観測船しらせ＝2021年12月10日、午前11時18分（岩手日報社ドローンで撮影）

氷海を拓く観測船しらせ

　南極観測船しらせ（1万2650㌧）は、観測隊が昭和基地へ向かう大事な乗り物です。航空機で行くこともできますが、南極で1年間越冬できる物資をたくさん運ぶため、船は欠かせません。しかも昭和基地の近くの海は氷で覆われており、南極でも行くのが難しい場所。しらせは厚い氷を割って目的地にたどり着ける頼もしい存在です。

　船を運航するのは海上自衛隊です。63次隊を乗せたしらせは日本を出発してから40日目の2021年12月19日、東オングル島にある昭和基地沖約350㍍の定着氷に到着しました。岸壁はないため、基地近くの氷に着いて「接岸」としています。

　接岸後は雪上車を使った氷上輸送のほか、ホースでの燃料輸送を行いました。現在の船はコンテナを積み込むことができるようになったため、荷造りや輸送が向上しました。

　今回は11月10日、隊員を乗せて横須賀（神奈川県）を出港。オーストラリアで補給し、海洋観測を行いながら昭和基地を目指しました。氷の上に乗って割る砕氷航行「ラミング」は往路で計610回実施。391回だった2020年より多かったです。

　日本の観測船は現在のしらせが4代目。2009年に就航しました。歴代観測船の接岸回数は「宗谷」がゼロ、「ふじ」が18回中6回ですが、先代しらせは25回中24回成功しました。今のしらせは13回中11回（2021年12月時点）。船首方向から散水できるほか、ラミングもしやすい形になっています。

昭和基地沖の定着氷に到着した南極観測船しらせ。日本を出発してから40日目での接岸となった＝2021年12月19日、午前11時11分

南極に向かう観測船しらせで、海中のプランクトンを調査する観測隊員たち＝2021年12月1日、南大洋・南緯55度付近

しらせ航行の様子を見てみよう

第1章　南極の不思議

第2章　研究・観測最前線

第3章　教えて！南極ライフ

日本人初の南極探検〜白瀬矗〜

白瀬矗(白瀬南極探検隊記念館提供)

今から100年以上前、南極は冒険・探検の時代でした。1911年にアムンゼン(ノルウェー)が南極点に初めて到達した同時期、秋田県出身の白瀬矗(のぶ)＝1861〜1946年＝も南極探検に挑んでいました。白瀬の挑戦は歴史に刻まれ、日本が南極観測に挑戦する際、国際社会へのアピールポイントにも採用されました。

白瀬は1910年、探検隊員・船員27人を乗せた開南丸(204トン)で東京を出発しました。この時は氷海に阻まれてしまい、オーストラリアで夏を過ごした後、再び南極大陸へ向かいます。

そして1912年1月16日、ついにホエール湾の氷上に上陸を果たしました。そこから白瀬ら5人は犬ぞりで南極点を目指します。1月28日、南緯80度5分の棚氷上で断念。日章旗を立て一帯を「大和雪原(やまとゆきはら)」と命名しました。

アムンゼンが南極点に到着したのは、その1カ月前の1911年12月14日。到達を争ったスコット(英国)は1912年1月17日にたどり着きましたが、帰路で隊の全員が死亡しました。

白瀬は一人の犠牲者も出さず、6月に帰国。約5万人の市民に歓迎されました。出身地の秋田県にかほ市には「白瀬南極探検隊記念館」があり、偉業をたたえています。白瀬の影響は大きく、その後実際に南極観測に携わった人も。63次夏隊には、にかほ市出身で、小学生の時に記念館を見学した佐藤弘康(ひろのり)さん(36)＝マリン・ワーク・ジャパン＝が、酸性化や環境変動といった海の解明のため、観測に励みました。

日本の主な南極観測史

1911	アムンゼン隊(ノルウェー)が南極点到達
1912	スコット隊(英国)がアムンゼンに約1カ月遅れて南極点到達。帰路で全員死亡。白瀬矗(日本)が南緯80度5分に達し、付近一帯を「大和雪原」と命名
1956	日本の1次隊が観測船「宗谷」で南極に出発
1957	昭和基地を東オングル島に開設
1959	3次隊がタロ・ジロの生存を確認
1961	南極の平和利用などを目的とした南極条約発効
1965	2代目観測船「ふじ」が就航
1968	花巻市出身の藤原健蔵隊員ら9次隊が南極点到達
1969	やまと隕石の発見
1982	オゾン全量の減少に気づく＝オゾンホールの発見
1983	3代目観測船「しらせ(初代)」が就航
1991	南極保護に関する南極条約議定書の採択
1995	ドームふじ基地開設
1997	女性隊員2人が初の越冬
2006	ドームふじ基地で3000メートル超のアイスコア掘削に成功
2007	初代しらせ最後の南極行
2009	4代目観測船「しらせ(2代目)」が就航
2015	昭和基地で大型大気レーダー「PANSY(パンジー)」が本格稼働
2022	100万年前の氷取得を目指し「ドームふじ観測拠点Ⅱ」掘削場整備に着手。約2700メートルまで掘削する予定で、2025年1月までに540メートルに到達

健生記者の取材ノート

報道と観測隊業務「二刀流」の挑戦

　越冬隊32人は、それぞれに主担当業務があるが、自分の仕事だけに集中していると基地の運営は途端に滞る。専門外の仕事も力を合わせなければ、極限の環境は生き抜けない。記者として、観測と基地を守る1人のプレーヤーとして、どちらの役割も果たす挑戦だった。

　2月から1年間の越冬中の業務時間は、季節ごとに設定される。業務開始は太陽が沈まない白夜前後の夏日課（2、3、9～12月）が午前8時、太陽が一日中昇らない極夜前後の冬日課（4～8月）が午前9時。終業時間はどちらも午後5時。休日は原則夏が週1日、冬は週2日となる。

　国内では当然、記者業務だけが仕事だが、南極では隊業務を手伝いながら本業も進める。ブリザードが来ればスコップを持って除雪に加わり、人手が足りなければ車両整備や観測の手伝いもした。ドローン撮影や野外行動は自分の経験も生かそうと参加した。

　国内で記者が取材される側と一緒に行動することは、基本的にない。そういった意味でもバランスを考えながら、取材の時間も確保した。

　ただ、南極大陸内陸・ドームふじエリアへの遠征中は、拠点建設作業がメイン業務。計16人で活動し、合間を縫っての取材も記録としての意味合いが大きい。

　空気が薄く、極寒の中で何時間も肉体労働した後、眠気と闘いながらの執筆は、明らかに効率が悪い。それでも自分が作業員にならなければ得られない現場での体験があり、言葉との出会いがあった。少し汚れた取材ノートには、仲間との貴重な日々が詰まっている。

健生記者が報道以外に従事した業務

- 除雪
- 建築
- 雪上車整備
- ゾンデ観測手伝い
- 発電機・造水装置監視
- ドローンによる海氷モニタリング補助
- ルート工作
- 調理補助（当直）
- 基地内清掃（当直）
- ドームふじエリア遠征記録

ドームふじ観測拠点Ⅱの看板前で、南極支局の手旗とカメラを置いて記念撮影。片道約1000㌔の旅を経て目にした景色は、全てが澄んだ色だった＝2023年1月16日

トンガ沖噴火の気圧変動を南極でも観測

　南太平洋の島国トンガ沖の海底火山で、2022年1月15日に大規模な噴火が起き、日本を含む各地で津波が発生しました。岩手県では東日本大震災以来となる津波警報が発令。久慈市で1.1㍍の津波を観測しました。噴火の際に出た衝撃波によって空気を振動させる「空振」が起き、圧力の高い空気が海面を押さえ込むことで、津波につながったとされています。衝撃波とみられる気圧変動は南極でも捉えられ、地球を反対回りした衝撃波も確認されました。

　国立極地研究所のまとめなどによると、気圧変動は15日から16日にかけて、東オングル島の昭和基地と南極大陸上4地点で観測。噴火から約9時間後に変動し、標高3810㍍の氷床上にあるドームふじ基地では0.8ヘクトパスカル上昇した後に0.8ヘクトパスカル下降しました。

　噴火から約27時間後には、反対回りの衝撃波が到達し気圧が上昇。さらに2、3時間後に下降しました。トンガと昭和基地は約9600㌖離れています。

　国立極地研究所の平沢尚彦助教(気象学・気候学)は「昭和基地や日本の観測点の多くは低地にあるが、ドームふじ基地という高所まで衝撃波が伝わったことが分かる。南極大陸のような巨大な障害物を越えて地球全体に伝わる顕著な衝撃波だった」と解説します。

トンガ沖噴火の衝撃波到達のイメージ

氷山の斜面に溝を掘り「流しそうめん」を楽しむ隊員たち＝2022年4月12日、昭和基地沖

第3章 教えて！南極ライフ

昭和基地をのぞいてみよう

南極地域観測隊が活動している昭和基地は2022年に開設65周年を迎えました。
極限の環境の中で先人たちが築き、世界最先端の観測を支える基地の一部をペンギン記者が案内します。

極夜前の昭和基地を見てみよう

RAG9Y9UYT

- しらせ（航行中）
- 風力発電装置
- 管理棟
- 居住棟
- 基本観測棟
- 自然エネルギー棟
- 汚水処理棟
- 発電棟
- 雪上車

東オングル島にある昭和基地の主要部＝2021年12月14日（しらせ艦載ヘリから撮影）

昭和基地 Q&A

ペンギン記者に聞きたい！

昭和基地主要部から約150㍍離れた観測棟近くで出会ったアデリーペンギン＝2022年10月29日

Q1 いつできたの？

A 開設は1957（昭和32）年。4棟のプレハブからスタートしたよ。前年11月に日本を出発した第1次観測隊が造ったんだ。実は、これが日本のプレハブ建築第1号。オーロラ帯の真下にあるため、観測には絶好の場所なんだよ！

Q2 何があるの？

A 60棟以上の建物、観測設備の各種アンテナのほか、燃料タンクや通信用のアンテナがあるよ。中心部にあるのは、越冬隊員の個室がある居住棟や管理棟など、発電機や道路、ヘリポートも大切な設備だね。カラフルな建物が多いけれど、それも見えないほど激しいブリザードの時もあるんだ。

Q3 どんな人が暮らしているの？

A 日本の南極地域観測隊が生活しているよ。一番"ご近所"の基地まで約1000㌔あるので、気軽にはお邪魔できません…。観測する人や研究者、医師、調理、機械、通信といった、さまざまなプロが力を合わせているんだ。夏隊の人たちや、しらせを運航し観測の支援をする自衛隊員もいて、夏の間はにぎやかだけど、越冬するのは30人ほどだよ。

Q4 南極のどこにあるの？

A 南極大陸の4㌔手前にある東オングル島だよ。低く平らな岩だけの島で、大陸とは海氷でつながっているんだ。日本とは約6時間の時差があって、日本がお昼の正午だと、昭和基地では午前6時ごろだよ。昭和基地以外に、南極大陸にも日本の観測拠点が3つあるよ。健生記者が遠征した「ドームふじ基地」もその一つなんだ。

Q5 寒さ対策はどうしているの？

A 冬は日中でも氷点下20度以下になることも多く、外出時は全身がダウン素材で覆われた「羽毛服」を着ているよ。一方で昭和基地の建物の中は暖かいので、半袖で暮らす隊員もいるんだ。ちなみに、南極大陸の観測史上最低気温（直接）は1983年にロシア・ボストーク基地で記録した氷点下89.2度。日本隊のドームふじ基地では氷点下79.7度を記録したことがあるよ！

第1章 南極の不思議

第2章 研究・観測最前線

第3章 教えて！南極ライフ

支え合って充実の基地生活

　どうも、ペンギン記者です。南極地域観測隊のうち、1年以上を南極で過ごす越冬隊。健生記者が同行した63次隊は32人が越冬隊として活動しました。観測・設備管理はもちろん、日常の暮らしまで全て隊員が協力して切り盛りします。

　越冬隊員は昭和基地の「居住棟」に個室がもらえます。4畳半ほどの部屋に備え付けられているのは、ベッドと机、小さなクローゼット。第1居住棟（1997年建設）、第2居住棟（1998年建設）は高床式です。みんなで食事や団らんするのは管理棟で、個室では休息をとったり1人で仕事に集中したり。隊員たちは快適に過ごせるよう、思い思いに工夫を凝らします。

　「ただ寝るだけの場所」と笑いつつ、机の前に飾った家族写真を見つめるのは、設営主任の高木佑輔さん(35)＝ヤンマーパワーテクノロジー、兵庫県尼崎市出身。妻と息子2人の笑顔が「日々の癒やし」と照れくさそうに教えてくれました。

　次は「診療所」を見に行ってみましょう。昭和基地では、救急車を呼んでも来てくれません。いざというとき、頼れるのが2人の「医療隊員」です。診療所には、医療機器がそろっており、手術室やレントゲン、内視鏡などの設備もあります。国内とテレビ会議システムを使い、遠隔治療も

快適な4畳半の城

快適に過ごす工夫を凝らしたそれぞれの個室は、まさに隊員たちにとって「4畳半の城」。高木佑輔さんは家族写真を飾り、任務に励む日々の癒やしに＝2022年2月22日

「理髪室」では、カット以外にパーマやカラーにも対応。隊員たちは、一般社会から離れた極地でしかできないような、遊び心のあるヘアスタイルを楽しむ＝2022年8月30日

基本観測棟に設置されている「昭和基地内郵便局」。投函した郵便物が届くのは、観測船しらせが帰国する翌年4月以降だ＝2022年11月8日

月1回開かれる「カフェ」。手焼き焙煎コーヒーを楽しめ、上質な休日のひとときを提供してくれる＝2022年6月12日

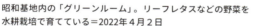

昭和基地内の「グリーンルーム」。リーフレタスなどの野菜を水耕栽培で育てている＝2022年4月2日

オングル海峡の海氷に開けた穴からライギョダマシを釣り上げる「漁協係」＝2022年10月31日

できるんですよ。もちろん、医療隊員の出番がないのが一番。隊員は日々、健康やけがに十分気をつけ「ご安全に」の言葉が飛び交います。

専門職の隊員がいない分野は「生活係」を設けて補います。理髪や洋裁といった身の回りのことから、温室で野菜栽培を行う「農協」担当、海氷に穴を開けて魚を釣る「漁協」担当などバラエティーに富んでいます。健生記者は「農協係」の係長に"就任"。土を使わず水と液体肥料で育てる「水耕栽培」で、リーフレタスやワサビ菜、キュウリ、パクチーなどに挑戦しました。保存技術が発達しても、調理隊員が持ち込んだ葉物野菜は4月ごろまでに使い切ってしまいます。その後も新鮮な野菜を食べられるかは「農協係」の腕次第なんです。

このほか「喫茶・スイーツ係」による月1回のカフェなど、くつろぎも隊員同士で"演出"します。その中でも伝統的な係が「バー係」。仕事を終えた隊員たちが集い、極上の一杯を楽しみます。担当する佐藤幸隆さん（33）＝気象庁、東京都小金井市出身＝が、佐幸本店（久慈市）の山ぶどう飲料「山のきぶどう」を使った特製カクテルを作ってくれました！「酸味の強さとシロップのバランスに気をつけた」という、こだわりのスッキリとした飲み口。楽しみを自分たちでつくり上げる南極流の味わいは格別ですね。

基地内の「バー」は、仕事終わりの隊員たちの憩いの場。山のきぶどう特製カクテルは、ウオッカベースの「オーロラ」を参考にした＝2022年10月29日

「診療所」は小規模病院と同等の医療機器や薬剤がそろい、手術室もある＝2022年6月9日

極地の食卓彩る岩手の味

　閉ざされた南極で暮らす隊員にとって、食事は毎日の楽しみ。調理隊員が日本で仕入れて持ち込んだ食品のほか、岩手県を含む全国の企業からの寄贈品が食卓を彩ります。

　ジュワー。昭和基地の調理場に心地良い音が響きます。調理隊員の香月雅司さん(41)＝国立極地研究所、佐賀市出身＝がコロッケを丁寧に揚げていきます。テーブルに並んだのは「前沢牛オガタ」(奥州市)の牛肉コロッケ。隊員たちが次々と箸を伸ばします。

　国立極地研究所では例年、南極観測を支援するための寄贈品を受け付けています。63次隊の活動に対しては、東日本大震災で被災した企業を含む岩手県内13社が商品を提供。津波で店舗を失いながら被災者の生活を支えた尾半(びはん)ホールディングス(山田町)の調味料、工場全壊から立ち上がった酔仙酒造(陸前高田市)の日本酒、マルサ嵯峨商店(普代村)の海鮮加工品、野田村の特産品「のだ塩」―。復興へと歩む被災地から、越冬生活に"味なエール"が届きました。香月さんは「被災地の映像を見た時は言葉にならなかった。食材はおいしく料理させてもらう」と、1万4000㌔離れた岩手に思いを寄せました。

　「岩手の味」をふんだんに使ったランチの日も。小山製麺(奥州市)の「とろろうどん」と佐々長醸造(花巻市)のつゆを使った温うどん。デザートは大林製菓(一関市)の「ふわmochi」。屋外作業で疲れた体に古

岩手県産牛肉を使ったコロッケを次々と揚げる調理隊員の香月雅司さん＝2022年2月24日、昭和基地

「のだ塩」は、天ぷらと一緒に。海水を釜で煮出して作るので、まろやかな味わいだ＝2022年4月4日

里からの「激励」が染み渡ります。あさ開（盛岡市）の地酒、佐幸本店（久慈市）の山ぶどう飲料も、基地の暮らしに潤いを与えてくれました。

遠征先でも、隊員たちの胃袋を支えてくれます。宇部煎餅店（久慈市）の「南部せんべい」は雪上車でのおやつに人気。医療隊員の沢友歌さん（41）＝国立極地研究所、東京都目黒区出身＝は「外作業でおなかがすくので、車内に戻るとすぐに手が伸びてしまう」と、パリッと乾いた音を響かせていました。約3カ月に及ぶドームふじエリアへの旅には、津田商店（釜石市）の「ほやバル」と岩手県産（矢巾町）の「サヴァ缶」が"お供"。限られた環境で自ら楽しみを見いだす大切さは、南極で得た学びの一つ。厚さ2000㍍超の氷床上で三陸の味を堪能する楽しみが増えました。

また、健生記者が盛岡のソウルフード「じゃじゃ麺」を振る舞う機会もありました。調理隊員の鈴木文治さん（54）＝国立極地研究所、千葉県南房総市出身＝の手厚いサポートを受け、数日前からみそ作りに着手。レシピは岩手県内の飲食店関係者から事前に「伝授」してもらいました。専用のうどんはないので、きしめんで代用。じゃじゃ麺初体験の隊員がほとんどでしたが、反応は上々のよう。「まだまだ知らない郷土料理がある。ぜひ本場でも味わいたい」と鈴木さん。ほんの少しだけれど、南極で岩手ファンを増やせたかも。

63次隊に寄贈された岩手の食材。越冬中の隊員の食卓を支えてくれた＝2022年3月1日、昭和基地

隊員の人気を集めた「南部せんべい」。おやつは野外遠征での数少ない癒やしだ＝2022年9月2日

健生記者特製「じゃじゃ麺」を食べる隊員たち＝2022年6月24日、昭和基地

催しいっぱい！ 南極12カ月

1月 JANUARY

白夜の太陽の下、空のドラム缶を宙につるした「鐘」を突いて新年のお祝い＝2023年1月1日、ドームふじ観測拠点Ⅱ

2月 FEBRUARY

節分の恵方巻き作りに挑戦。昭和基地では、地図上の真方位とコンパスの示す磁方位は50度ほどズレる。この年の恵方は北北西だったけれど、みんなの恵方はどっち？＝2022年2月3日

3月 MARCH

強風で屋外作業が中止になった日の重要任務「ジャガイモオペレーション」。おいしさを損なわず長期保存するため、計350㌔のイモに生えた芽をひたすら手作業で取り除く＝2022年3月10日、昭和基地

7月 JULY

参議院選挙の事前投票を実施。不在者投票の一種で、自治体選管から「南極選挙人証」を交付された隊員が投票できる。ファクスで約1万4000㌔離れた日本の未来に一票を投じた＝2022年7月7日、昭和基地

8月 AUGUST

越冬隊と国内の家族をつなぐ「帰国日程等説明会」がオンラインで開催。画面越しながら約9カ月ぶりの「家族の時間」となった＝2022年8月27日、昭和基地

9月 SEPTEMBER

南極大陸内陸部への小遠征中、新型雪上車の中で夕食を楽しむ越冬隊員たち。仲間との団らんは、野外活動を乗り切る力になる＝2022年9月4日、観測点「H128」

一日中太陽が昇らなかったり、ひとたび荒天になれば、数日間外出できなかったり。厳しい環境の南極では、単調な生活が続き気分が沈みがちになることも。そこで、隊員たちはさまざま行事を企画し、盛り上げます。季節感を大切にする恵方巻きやお花見。年に一度の大掃除に、スポーツでリフレッシュ。催しいっぱいの12カ月は、観測隊の結束を高めるとともに、極地に暮らす工夫が詰まっています。

4月 APRIL

昭和基地で「桜の開花宣言」。過去の隊から引き継がれている造花を管理棟に飾り付けた。高さ1.7㍍で花びらは紙、幹は合板製。季節を感じにくい南極でも毎年、日本の春に合わせて隊員が花見を楽しむ＝2022年4月2日

5月 MAY

越冬隊員の休日のレクリエーションとして、サッカー大会が企画された。氷点下16度の寒さにも負けず、隊員たちは息を切らしてボールを追った＝2022年5月14日、昭和基地

6月 JUNE

「ミッドウインター祭」に合わせ、昭和基地に特設された露天風呂。満天の星を見ながらの入浴は最高だが、氷点下22度。髪が瞬時に凍るほどで、湯から上がる勇気も必要だ＝2022年6月27日

10月 OCTOBER

昭和基地の生命線ともいえる、燃料タンクの大掃除。年1回の重要な作業で、燃料の添加物がたまって固形化すると、ポンプやエンジンの故障につながる。越冬を支えてくれた設備に感謝しながら、丁寧に清掃を進めた＝2022年10月28日、見晴らし岩貯油所

11月 NOVEMBER

64次先遣隊15人を乗せた飛行機が到着し、63次越冬隊が横断幕を掲げて歓迎。夏隊が2月に離れて以来、南極観測の仲間が増えた＝2022年11月1日、東オングル島

12月 DECEMBER

遠征先のドームふじ観測拠点Ⅱで、クリスマスディナーのひととき。疲れを吹き飛ばすごちそうに、笑顔の輪が広がる＝2022年12月24日

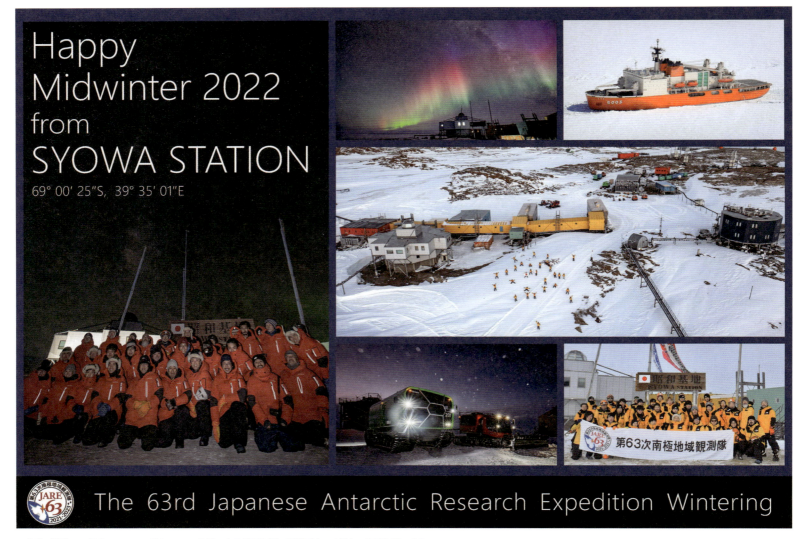

63次隊が制作した「グリーティングカード」。南極にある世界各国の基地同士で交換し、冬至を祝い合う

団結の宴　ミッドウインター祭(うたげ)

　南極で越冬観測する世界各国の観測隊が、冬至前後に開く「ミッドウインター祭」。63次隊が活動した2022年の昭和基地では、6月24〜27日に開催されました。豪華な料理や隊員発案の企画を楽しむことで、太陽が昇らない極夜を乗り切る団結力を高めました。

　メイン行事は、調理隊員の香月雅司さん(41)＝国立極地研究所、佐賀市出身＝と、鈴木文治さん(54)＝国立極地研究所、千葉県南房総市出身＝によるディナータイムです。24日のメニューはマグロの刺し身や豚ロースの湯葉包み揚げなど。香月さんが腕によりをかけた、本格的な会席料理を堪能できました。基地近くの斜面を使った滑り台やクイズ大会のほか、景品を持ち寄った射的コーナー、ラーメン屋台も"出店"。隊員たちは準備や運営も一丸となり、お祭り気分を楽しみました。

　文献をひもとくと、起源は120年以上前の南極探検時代。ケンブリッジ大(英国)の極地に関する学術雑誌「Polar Record」の掲載論文によると、1898年、南極圏で初めて越冬したベルギカ号(ベルギー)にまつわるとされています。乗組員が精神的・肉体的に不調となった経験から、その後の探検隊では士気改善などのため、冬至を祝うようになったそうです。ベルギカ号には南極点に初到達したアムンゼン(ノルウェー)も乗っていました。

　日本では、1次越冬隊長の西堀栄三郎氏が著書「南極越冬記」に、冬至を祝ってごちそうや食後の映画を楽しむ様子を記しています。3次越冬隊報告には「ミッドウインター祝日」という記録が残されています。

　また、南極にある各国の基地が「グリーティングカード」を贈り合い、節目のお祝いをします。63次隊も有志が撮りためた写真などでカードを作り、6月20日に計47カ所の基地にメールで送りました。

　編集した桜庭健吾さん(26)＝日立製作所、茨城県日立市出身＝は「空撮した全景写真を入れ、日本の基地らしさが出るように工夫した」と納得の出来栄え。最寄りの基地でも1000㌔離れていますが、国や文化を超えて交流を深めることも越冬を乗り越える力になります。

ミッドウインター祭のディナーは、みんなで正装。料理を運ぶ「サーバー」役も本格的な雰囲気を演出する＝2022年6月27日、昭和基地

射的コーナーやラーメン屋台もあり、昭和基地内はお祭りムード＝2022年6月24日

建設風景をのぞいてみよう！

二つのユニットを接続して建設する「南極移動基地ユニット」。木質パネルで天井や側面をつなぐ＝2022年12月15日、ドームふじ観測拠点Ⅱ（岩手日報社ドローンで撮影）

観測や任務のため、隊員は昭和基地を離れて南極大陸や氷河へ遠征することがあります。南極では常に自然が相手。荒天が続き野外滞在が長期になることも。観測隊の皆さんは、どうやって厳寒の中、生活しているのでしょうか？

「氷上キャンプ」生き抜く知恵

宇宙でも活用期待　広々くつろぎ空間

　63、64次隊遠征チームが、ドームふじ観測拠点Ⅱの氷床上に建設した「南極移動基地ユニット」。ボルトやファスナーで組み立てるため、過酷な環境下、限られた人員でも対応できます。発電システムを備え、広さや断熱性能も十分。得られた知見は、国内の住宅だけでなく、将来の宇宙開発への活用も期待されているんです。

　作業を終えた隊員が移動基地に入ると、室温24.2度。氷点下30度の外とは別世界の空間で夕食を楽しみます。

　床面積は33平方㍍。20㌳コンテナとほぼ同サイズ、14平方㍍のユニット2基を連結しています。そりで輸送する際には壁だった部分を床や天井として拡張。天井は高さ2.4㍍で、チーム16人が一緒でも狭さは感じません。

　暖房と照明、換気に使う電力は、外壁のパネル38枚による太陽光発電と、屋外との温度差を利用した発電システムで賄います。断熱性能は国内の寒冷地域の基準を大幅に上回る設計となっています。

　最大の特長は過酷な環境下でも可能な施工方法。くぎや接着剤は使わず、ボルトやファスナーでつなぎます。建築の初心者を含め、5人が9日間で完成させました。

　ユニット開発は、ミサワホームと宇宙航空研究開発機構（JAXA）が2017年に共同研究契約を結び始動。極地で得た居住や施工のデータは国内の住宅、宇宙基地の居住スペースなどの開発に生かされます。

室内の様子を見てみよう

チーム16人がくつろげる広々としたユニット内＝2022年12月22日

ドアを開けると

移動する「家」

往復2000㌔という過酷な内陸遠征で活躍したのが移動居住施設。旅立つ前に、63次隊の「南極大工」が断熱性能を高めるなどリフォームした。床面積約15平方㍍。大型そりに積載された居住モジュールのドアを開けると（写真右）、食堂やサロンとして使うリビングスペースがあり、奥には6人寝られる3段ベッドがある＝2023年1月22日

貴重な「命の水」

遠征中の生活用水は"現地調達"。周囲に有り余る雪が「水源」だ。雪上車の熱を利用して水を確保する。バケツ満杯に入れた雪は溶かすと3分の1ほどの量に。溶かしては雪を入れる作業を繰り返し、半日ほどかけてようやく約20㍑の水を手に入れた＝2022年9月3日

キッチンスペースで寝泊まり

南極大陸・ラングホブデにある雪鳥沢小屋。夏は観測隊員がヘリコプターで入り、多くの機器を運び込む。悪天候で活動できない「停滞中」はベッドのほかキッチンスペースも活用し、最大10人が寝泊まりした＝2022年1月17日

第1章 南極の不思議
第2章 研究・観測最前線
第3章 教えて！南極ライフ

63次越冬隊同行 奮闘の500日間

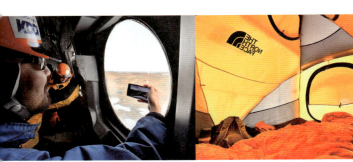

任務をやり遂げ、63次越冬隊がヘリで撤収。隊員の三井俊平さんは見納めとなる昭和基地を窓越しに撮影＝2023年2月11日

ドームふじ観測拠点Ⅱでは、白夜の「テント泊」にも挑戦。午後11時半ごろでも、テントの中は明るいまま＝2022年12月29日

荒天で雪に埋まった雪上車を掘り出す隊員。ドームふじエリア遠征への出発直後に停滞し、我慢の4日間となった＝2022年11月14日

野田中学校との中継イベントのため、雪上車内で接続テストをする健生記者（右から2人目）と越冬隊メンバー＝2022年5月27日

東日本大震災の被災地へ向けて、日本時間の地震発生時刻に黙祷をささげる隊員＝2022年3月11日午前8時46分、昭和基地

白夜 / 極夜

2023

3月22日	羽田空港に帰国
3月20日	しらせが豪・フリマントル到着、21日未明に隊員は飛行機で日本へ
3月11日	しらせ船上で東日本大震災の被災地へ黙祷、3月11日まで海洋観測
2月25日	しらせ、トッテン氷河沖到着
2月11日	63次越冬隊が昭和基地を離れる
2月1日	64次隊へ「越冬交代式」
1月31日	82日ぶりに土のにおいを実感する
1月17日	昭和基地に到着し往復2000㌔の遠征無事完了
1月13日	昭和基地に向けて復路出発
1月1日	今季の掘削場整備作業を終了、2カ月ぶりの入浴でリフレッシュ
12月8日	遠征先のドームふじエリアで年越し
12月4日	新掘削拠点「ドームふじ観測拠点Ⅱ」決定、掘削場着工
11月10日	ドームふじ基地到着
11月1日	ドームふじ遠征へ16人出発
10月31日	64次隊先遣隊が昭和基地入り
10月10日	漁協係がライギョダマシ3匹を釣り上げる
9月6日	1960年の同日に行方不明、日本隊唯一の遭難死となる4次越冬隊の福島紳さんを追悼
9月1日	氷点下39・5度を体感する
8月17日	観測点「H128」遠征（11日まで）
7月18日	スカルブスネス遠征中に「赤い月」やオーロラを撮影
7月16日	ドームふじ基地遠征に向けた行動食作り始まる
7月7日	極夜明け（13日）後初めて太陽と"再会"
7月7日	昭和基地で参院選の「南極投票」
6月24日	A級ブリザードで外出禁止令
5月27日	野田中学校との中継イベント
4月13日	南極大陸上で「ハロー」などの大気光学現象を撮影、ウクライナからもグリーティングカードが届く

第1章 南極の不思議
第2章 研究・観測最前線
第3章 教えて！南極ライフ

ラングホブデ氷河上で観測する隊員たち。年越しも氷河で迎えた＝2022年1月6日

しらせから、流氷域を渡る様子を取材する健生記者＝2021年12月9日、南極海

離岸するしらせ甲板から手を振り、昭和基地に向けて出発する観測隊員＝2021年11月10日、神奈川県横須賀市

白夜

	2022						2021					
4月12日	3月11日	2月8日	2月1日	1月29日	1月15日	1月1日	12月19日	12月16日	12月4日	11月9日	11月24日	11月10日	10月28日
氷山で流しそうめん	昭和基地で東日本大震災の犠牲者を思い黙祷（もくとう）	夏隊が完全撤収し、越冬隊32人で基地運営を引き継ぐ「越冬交代式」	62次越冬隊から基地の運営に関する調査ローカル5G実証実験スタート	昭和基地開設65周年	トンガ沖噴火の衝撃波、昭和基地でゴンドワナ超大陸や「火星模擬候補地」に関する調査	ヘリの運航計画変更で氷河で年越し12日間滞在し、氷河の熱水掘削やアデリーペンギン営巣地取材開始	露岩域スカーレン訪問	しらせが昭和基地に接岸し、氷上物資輸送開始	日本出発から37日目、昭和基地到着	南緯60度付近で部分日食観測	南緯50度付近でオーロラ	しらせが豪・フリマントルに到着燃料補給し26日に航海再開	観測船しらせに乗り、63次隊が神奈川県・横須賀港を出発	出発に向けて2週間の隔離生活

健生記者の取材ノート
ようやくたどり着いた「宇宙よりも遠い場所」

「宇宙よりも遠い場所」。南極・昭和基地をかつて訪れた宇宙飛行士毛利衛（まもる）さんの言葉だ。2021年12月16日、私は日本から約1万4000㌔離れた基地のヘリポートに立った。白銀の世界を想像していたが、周囲は砂ぼこりが舞う茶色い景色ばかり。思っていた雰囲気とは異なるが、それでも「随分と遠い場所に来てしまったな」と感じたのは、距離のせいだけではなかった。

2019年夏、上司から突然呼び出され「菊池、南極に行ってみないか？」と観測隊同行を打診された。日本に帰ってくるのは1年4カ月後。それまで岩手県北の久慈支局に2年間赴任したことはあったが、今回の任地は「地球最果て」だ。

返答期限までの数日はあっという間に過ぎた。「任務を完遂できるのか」「南極の環境に耐えられるか」と不安はあったが「諦めて後悔するより、多少不安があってもチャレンジしてみよう」と同行を決意した。

しかし、思わぬ障害が立ちはだかる。新型コロナウイルス感染症が猛威を振るい、社会が激変。南極観測も例外ではなく、参加を見込んでいた62次観測隊は観測計画や隊員数が大幅に削減された。62次隊への同行はかなわなかった。

国連の持続可能な開発目標（SDGs）に関する企画や、科学記事の執筆を通して「訓練」しながら状況の好転を待つ。2021年6月に63次隊同行が正式決定するまでは「本当に南極に行けるのだろうか」と悶々（もんもん）としていた。南極は実際の距離以上に遠い場所と感じるようになっていた。

会社から切符をもらってから2年超。ようやく南極にたどり着いた。過ぎ去った時間を取り戻そうとしているような、はやる気持ちでヘリを降りる。宇宙よりも遠い場所に踏み出した時の記憶は、一歩以上の価値とともに心に刻まれている。

観測隊アルバム

昭和基地を離れる前に、越冬隊員（右）と抱き合って感謝を告げる63次夏隊員＝2022年2月8日

ミッドウインター祭の一環で、カーリングに挑戦した。ストーンも氷で代用＝2022年6月25日、東オングル島

ブリザードで「外出禁止令」が発令された日は、昭和基地の管理棟を大掃除。床だけでなく、やり遂げた隊員たちの表情もピッカピカ＝2022年7月8日

野外観測の合間に昼食。青すぎる空の下の食事は最高の時間だ＝2021年12月22日、露岩域「スカーレン」

漁協係で釣り上げた「ライギョダマシ」の魚拓を作成＝2022年11月7日、昭和基地

ドームふじ観測拠点Ⅱでは、ダイヤモンドダストが舞う中で作業＝2023年1月13日

昭和基地のシンボル「記念看板」を新たに製作した63次越冬隊メンバー4人。19次隊（1977～79年）が設けた看板の裏に掲げ、両側から見られるよう改良した＝2022年4月20日

掘削場建設作業が休みの日に、スポーツでリフレッシュ。空気が薄いので、少し動いただけで息が上がる＝2023年1月9日、ドームふじ観測拠点Ⅱ

長い越冬生活中の健康維持のため、昭和基地にはジムスペースもある＝2022年7月12日

南極に暮らす仲間たち

動物たちの
様子を
見てみよう

観測船しらせのすぐ近くに、1羽のアデリーペンギンがやって来た。警戒する様子もなく、どんどん船に近づく。昭和基地から帰還するしらせを見送りに来てくれたのかも＝2023年2月13日

寝起きのウェッデルアザラシ

アデリーペンギンの親子

後ろ姿がかわいいコウテイペンギン

海に飛び込むコウテイペンギン

ナンキョクオオトウゾクカモメ（左）に立ち向かうアデリーペンギンのひな

ザトウクジラ
カニクイアザラシ
ヒョウアザラシ
極地の大魚！ライギョダマシ
氷上でのんびり過ごすウェッデルアザラシ
シャチ
ユキドリ

第1章 南極の不思議
第2章 研究・観測最前線
第3章 教えて！南極ライフ

タロ・ジロと猫のたけし

　やむなく昭和基地に置き去りにされ、1年後に生存が確認された樺太犬タロ・ジロは、日本の南極観測初期のエピソードとして広く知られています。15匹を基地に残し、2次隊が越冬を断念したのが、1958年2月24日。現在の基地に名残はほとんどありませんが、当時の困難を思い、越冬隊員たちが観測をつないでいます。

　基地主要部を見渡せる岩場。樺太犬を慰霊する阿弥陀如来像が設置されていた台座が残っています。像は愛犬家らの寄付を元手に制作。老朽化で倒れ、隊長室に保管された後、49次隊が慰霊して国内に持ち帰りました。犬が過ごした岩場や厳しい自然は当時と変わっていません。

　北海道から集められた樺太犬は1957年、1次隊で19匹が昭和基地入り。犬ぞりは、輸送や移動においてとても重要な手段でした。極地で1年過ごした犬は、2次隊に引き継がれる予定でしたが、厚い氷や悪天候に阻まれ、観測船宗谷の燃料も余裕がなくなり越冬を断念。15匹を置き去りにせざるを得なくなりました。

　1年後、昭和基地入りした3次隊がタロとジロを発見。悲劇と生存の感動は多くの反響を呼び、映画「南極物語」の題材となりました。

　映画が南極に興味を持つきっかけだったという63次越冬隊の沢柿教伸（たかのぶ）隊長（55）＝法政大、富山県上市町出身＝は「像が建てられた場所は基地主要部では見晴らしの良い『一等地』。当時、それだけの思い入れがあったということだろう」と思いをはせました。

岩場に座る樺太犬のタロとジロ（国立極地研究所提供）

昭和基地主要部を見下ろす丘に残る阿弥陀如来像の台座＝2022年2月22日

今は南極に動物を持ち込んではいけなくなりましたが、日本の南極観測が始まったばかりの頃には、昭和基地に猫がいました。タロ・ジロなど、やむを得ず置き去りにした樺太犬の存在は多くの人に知られていますが、越冬した猫「たけし」のことはあまり知られていません。

国立極地研究所によると、三毛猫のたけしは1956年、1次隊と一緒に初代観測船「宗谷」に乗せられ、南極へ向かいました。永田武隊長の名前をもらい、隊員たちにかわいがられました。

犬はそりを引くなど役割がありましたが、猫は特に研究対象でもなく、記録はわずか。越冬生活の写真や映像に写り込んでいます。子犬とじゃれ合い、将棋を観戦し、隊員に抱かれる様子から、隊に癒やしを与える存在だったのでしょう。

子猫だったたけしは越冬し、大きく成長。1958年に宗谷で帰国します。宗谷の甲板でのんびりと過ごす写真が残されています。帰国後は隊員の家族となりましたが、1週間ほどでいなくなりました。慣れ親しんだ昭和基地を探しに出かけたのかもしれません。

1次隊とともに南極に渡った猫の「たけし」。昭和基地で迎えた1958年の元旦も隊員のみんなと一緒（写真はいずれも国立極地研究所提供）

第1章 南極の不思議
第2章 研究・観測最前線
第3章 教えて！南極ライフ

活動日数…511日

新聞掲載記事…343本　撮影した写真…約24万枚

岩手の本社とのメッセージやりとり…5272通

総移動距離…3万2000㌔　滞在中の最低気温…氷点下40.0度
(2023年1月18日午前6時、南極大陸内陸MD640＝ドームふじ基地～みずほ基地間)

最高到達点…標高3810㍍（ドームふじ基地）　氷床上での暮らし…83日間

南極で出会ったペンギン…いっぱい　見上げた星…無数

壊した機材…たくさん　泣いた日…2日

笑った日…毎日！

南極海・トッテン氷河（右奥）の周辺で、海洋調査を進める観測船しらせ＝2023年3月4日、午前10時20分ごろ（岩手日報社ドローンで撮影）

本社デスクのつぶやき

伝えることが恩返し

岩手日報社　鹿糠敏和（第49次南極地域観測隊同行）

　2013年夏。「鹿糠さん、南極の話聞かせてください」と初対面の新人カメラマンに頼まれた。どこか軽さを感じさせ、あまりいい印象ではなかったが「そういえば社内で南極の話をしたこともないな」と思い直し、彼と向き合った。

　菊池健生。盛岡市大通の飲食店でエビのクリームパスタを食べながら、2007〜08年に49次隊に同行した写真や映像を見せた。「いいっすねえ、行きたいっす」と軽いノリに「まず目の前の仕事を覚えてからな」と答えた。

　それから6年後、上司から菊池記者の越冬隊派遣構想を伝えられる。経験値、筆力はもちろん、越冬という特殊環境でうまくやれるか。不安でいっぱいだったが、全力で支えるしかないと覚悟を決める。取材に限らず、極地での活動に国内のサポートが欠かせないことは、49次隊で身をもって知っていた。「むしろ自分が越冬したい」との気持ちがあったのも事実だが。

　もう1点、私の背中を押したのが、東日本大震災だ。2011年当時は大船渡支局長で、事務所兼自宅が全壊。南極のあらゆる記念品を失った。絶望の中、昭和基地から短い動画が届く。吹雪に飛ばされそうになりながら、半袖シャツ姿の隊員が「逆境に負けるな、頑張れ」と叫んでいた。大笑いし、号泣した。南極観測への恩返しもいつかしたいと考えていた。

　もちろん恩返しの相手は、観測隊だけではない。まず今回の特派は、大きな目的として、全国からの支援への感謝が掲げられた。日本新聞協会（加盟123社）の代表取材で、共同通信の協力も得て全国、世界に情報を届けた。中には定期的に特集を組んでくれる新聞社もあった。

　さらに幅を広げたのが、広告関係のサポートだ。南極支局を応援してもらい、観測隊に寄贈もいただいた。震災で被災した企業の食品を楽しむ隊員たちの笑顔の写真がうれしかった。

　何よりも最も恩返ししたかったのが、岩手県の読者だ。特に沿岸の子どもたちに希望を届けることができないかとも考えた。観測隊員、同行者は国内の学校と中継し、授業することができる。菊池記者が選んだのは盛岡市の母校ではなく、野田村の野田中。震災後の歩みを久慈支局時代に取材した。

　うまくできるのかーと心配して臨んだ当日。杞憂（きゆう）だった。極地からの中継画面に映った菊池記者は、堂々と授業を進めた。キラキラした瞳で見つめた生徒が最後、越冬隊へエールを送った時、私の涙腺は崩壊した。

49次隊で行われた南極湖沼の植物観測。極地での取材経験は「南極支局」のプロデュースに生きた（筆者が潜水撮影）

太陽に向かって南極大陸を進む観測隊員。野田中学校との中継イベントでも紹介した＝2022年4月13日

終わりに

　昭和基地から撤収した2023年2月11日。ヘリに乗り込むと、1年間拠点を守ってきた充実感と寂しさがこみ上げてきた。見下ろす観測施設、東オングル島の地形全てが思い出深い。任務を遂げたメンバーを基地が優しく見送ってくれているような感覚になった。

　窓からの景色は、さまざまな記憶を呼び起こす。基地近くの露岩域ラングホブデは、ヘリの運航計画の都合で意図せず12日間過ごし、氷河上で2022年を迎えた思い出の地。長頭山（378㍍）は基地周辺にいる間に拝んだ「ふるさとの山」だ。

　オングル海峡を挟んだ南極大陸の向岩は、内陸ドームふじエリアへのルート作りで何度も通った。その約1000㌔先には、掘削場建設に励んだ「ドームふじ観測拠点Ⅱ」がある。南極で1年以上暮らし、見える景色にたくさんの記憶が刻まれたと改めて思った。

　基地での生活は「日本代表」の隊員たち一人一人の地道な努力で支えられている。開設から66年。多くの人が関わってきた歴史に加われたことを誇りに思う。

　私が南の果ての地で、記者として活動できたのも、内外から多くの協力があったからこそだ。快く取材に応じてくれた多くの隊員、支援・協賛いただいた企業、そして1年5カ月の間「南極支局」の紙面を読み、温かい言葉をいただいた読者の皆さまに感謝を伝えたい。

　かつてアラスカで活動した写真家、故星野道夫さんが著書「旅をする木」でこんな言葉を残している。

　「ぼくたちが毎日を生きている同じ瞬間、もうひとつの時間が、確実に、ゆったりと流れている。日々の暮らしの中で、心の片隅にそのことを意識できるかどうか、それは、天と地の差ほど大きい」

　私たちが岩手で、日本で生きている時、南極の空ではオーロラが乱舞し、ペンギンは子育てをしているのだろう。そんな想像を巡らせられることが、地球の仲間を大切にする一歩になる。地球の未来のために行動する一歩になる。この本が「もう一つの時間」と出会うきっかけになれば幸いだ。

第63次南極地域観測隊同行記者
岩手日報社　菊池健生

［増補改訂版］
南極探見500日
岩手日報特別報道記録集

2025年2月14日　増補改訂版発行

発行者	川村公司
発行所	株式会社 岩手日報社
	〒020-8622　盛岡市内丸3-7
	電話019-601-4646（コンテンツ事業部、平日9〜17時）
執筆・写真	菊池健生（岩手日報社　第63次南極地域観測隊同行）
	鹿糠敏和（岩手日報社　第49次南極地域観測隊同行）
協力	岩手日報社編集局、国立極地研究所、白瀬南極探検隊記念館
印刷・製本	山口北州印刷株式会社

岩手日報南極支局協賛パートナー
≪プラチナパートナー≫　JA全農いわて、トライス、みちのくコカ・コーラボトリング
≪ゴールドパートナー≫　岩手トヨペット
≪シルバーパートナー≫　岩手県産、王子製紙、東北ミサワホーム岩手支店、東洋インキ、
　　　　　　　　　　　　日本製紙
≪ブロンズパートナー≫　宇部煎餅店、サカタインクス、シリウス、
　　　　　　　　　　　　ネクストとうほくアクション、三菱重工機械システム

63次隊への岩手県産品寄贈企業

あさ開………（盛岡市、日本酒）	佐幸本店……（久慈市、果汁飲料）	前沢牛オガタ…………（奥州市、コロッケ）
岩手県産……（矢巾町、缶詰）	佐々長醸造…（花巻市、調味料）	マルサ嵯峨商店…………（普代村、海鮮加工品）
宇部煎餅店…（久慈市、煎餅）	酔仙酒造……（陸前高田市、日本酒）	尾半ホールディングス　…（山田町、調味料など）
大林製菓……（一関市、冷凍餅類）	津田商店……（釜石市、缶詰）	
小山製麺……（奥州市、乾麺）	のだむら……（野田村、塩）	

昭和基地のアデリーペンギンを見てみよう

RA9CDCBEM

©岩手日報社2025
無断複製（コピー、スキャン、デジタル化等）と無断
複製物の譲渡および無断転載・配信を禁じます。
落丁・乱丁本は送料小社負担でお取り替えいたします。
コンテンツ事業部までお送りください。
ISBN 978-4-87201-437-2　C0040　1600E